Armin Bauer

Schlepper

Armin Bauer

Schlepper

Die Entwicklungsgeschichte eines Nutzfahrzeugs

KOSMOS

226 Schwarzweißabbildungen und 19 Tabellen im Text (siehe Bildnachweis Seite 143)

Umschlaggestaltung von Atelier Reichert, Stuttgart, unter Verwendung zweier Fotos von Armin Bauer:
Das Bild vorne zeigt den Hanomag-WD-Radschlepper, Baujahr 1928, von A. Rosai, Schloß Teising (Ndb.), der von E. Klebe, Wietze bei Celle, restauriert wurde.
Das Bild auf der Rückseite zeigt einen 20-PS-Lanz-Kombi-Bulldog.

Die Abbildungen auf den Seiten 2 und 3 zeigen die rasante Entwicklung des Schlepperbaus:
Vom MAN-Tragpflug mit Benzinmotor über die ersten Ackerschlepperkonstruktionen (Lanz, Typ HR 51) und technisch fortgeschrittene Nachkriegsentwicklungen (MAN-Allradschlepper) bis zum modernsten Produkt der Schlepperindustrie von 1987 (Fendt Favorit).
(Quellen: 17, 5, 89)

Bibliografische Information Der Deutschen Bibliothek
Die Deutsche Bibliothek verzeichnet diese Publikation in der Deutschen Nationalbibliografie. Detaillierte bibliografische Daten sind im Internet über http://dnb.ddb.de abrufbar

ISBN 3-440-09664-5
Redaktion/Herstellung: Siegfried Fischer
Printed in Czech Republic/Imprimé en République Tchèque

Inhalt

Vorwort

Das Sammeln und Restaurieren historischer Schlepper ist in den letzten Jahren für viele Menschen aller Alters- und Berufsgruppen zum Hobby geworden. Diese alten Nutzfahrzeuge, die von ihren Besitzern oft sehr aufwendig und liebevoll restauriert wurden, sind heute Publikumsmagneten vieler Oldtimer-Ausstellungen im In- und Ausland. Gleichgesinnte haben sich zu Interessengemeinschaften und Vereinen zusammengeschlossen, um untereinander Erfahrungen auszutauschen, sich gegenseitig mit Ratschlägen und Tipps zu helfen, miteinander zu schrauben und die Geselligkeit zu pflegen.
Zum Kreis der Freunde historischer Nutzfahrzeuge gehört auch der heute als chemisch-technischer Assistent tätige Autor, der als gelernter Landwirt mit diesen Maschinen aufgewachsen ist und den Schlepper neu entdeckt hat. Durch das Restaurieren dieser robusten Maschinen wurde auch das Interesse an ihrer Entwicklungsgeschichte geweckt.
Möge dieses Buch Gleichgesinnten und Interessierten – auch aus Landwirtschaft und Landtechnik – Freude bereiten und neue Freunde hinzugewinnen.
Dank gebührt allen, die dieses Buch durch ihre Unterstützung ermöglicht haben.

Vorwort zur zweiten Auflage

Dieses Werk hat solch großen Anklang gefunden, daß es in kürzester Zeit vergriffen war. Hier liegt die zweite, überarbeitete Auflage vor. Dank an alle Leser, die mich mit ihrer konstruktiven Kritik bei der Überarbeitung unterstützt haben.

Vorwort zu dieser Sonderausgabe

17 Jahre sind seit dem ersten Erscheinen meines Buches – das eines der ersten zu diesem Thema war – vergangen. Weit mehr als einhundert verschiedene Werke sind seit dem zu diesem Thema erschienen, denn das Interesse an alten Schleppern wuchs ständig und ist bis heute ungebrochen. Auch das Interesse an diesem Buch. Und so freut es mich, daß der Verlag meinen („Oldtimer-")Schlepper noch einmal auflegt, damit er neue Freunde findet.
Armin Bauer, Obershagen im Mai 2004

Der Autor: 1956 – und heute

Die Dampfkraft erobert die Landwirtschaft

Mit dem Einsatz der Dampfmaschine Ende des 18. Jahrhunderts begann, von England ausgehend, die industrielle Revolution. Stationäre und später auch ortsbewegliche Dampfmaschinen – die Lokomobilen – fanden ein reiches Anwendungsgebiet in der aufstrebenden Industrie. Bald dienten diese Kraftmaschinen auch in der Landwirtschaft, z. B. zum Antrieb von Dreschmaschinen, Getreidemühlen, Strohpressen und anderen Geräten.

Es dauerte nicht lange, und mit den selbstfahrenden Dampfmaschinen wurden erste Versuche zur Bodenbearbeitung unternommen. Eine große Zahl von Pflügen, die für den Pferdezug vorgesehen waren, wurden aneinandergekoppelt und mit Lokomobilen über den Acker gezogen. Doch diese mutigen Versuche brachten keine brauchbaren Ergebnisse, weil das Gewicht der schweren Dampflokomobilen im Verhältnis zu ihrer Kraftleistung viel zu hoch war. Der weitaus größte Teil der Maschinenkraft wurde dabei für den Transport des Eigengewichtes auf dem Acker beansprucht, entsprechend gering war die Arbeitsleistung. Nur wenn die Adhäsion der Räder am Boden groß genug war und zur Fortbewegung des Eigengewichtes sowie zum Ziehen des Pfluges noch genügend Kraft übrigblieb, war ein sinnvoller Einsatz der Lokomobilen möglich. Auch spielte die geringe Tragfähigkeit der weichen und feuchten, seit Jahrzehnten in Kultur befindlichen Ackerböden Europas mit eine entscheidende Rolle für den zahlenmäßig geringen Einsatz der schweren Dampflokomobilen. In Nordamerika aber wurden, im Gegensatz zu Europa, ab ca. 1875 die zum Lastentransport entwickelten Straßenlokomobilen auch für das Umbrechen der festen Prärieböden erfolgreich eingesetzt und weiterentwickelt. Manche Pflugfurche war an die 10 km lang, und die Arbeitsbreite betrug oft über 10 m. Diese Lokomobilen wurden nicht nur mit Pflügen, sondern auch mit anderen Bodenbearbeitungsgeräten, wie Eggen, Grubbern, sowie mit rotierenden Hacken ausgerüstet und später Dampfpflüge oder sogar Traktoren genannt.

Dampfpflüge für den direkten Zug wurden von zahlreichen Firmen in England, Amerika und Deutschland gebaut. Genannt seien hier im Ausland Marshall, McLaren, Fowler, Burell und für Deutschland Wolf, Föther, Kemna und Lanz, die ihre Dampfmaschinen erfolgreich nach Nord- und Südamerika, Australien, Südafrika und Ägypten verkauften. Trotz größter Anstrengungen war es in Europa nicht möglich, die selbstfahrende Loko-

Die Dampflokomobile waren bald zuverlässige Helfer in der Landwirtschaft. (29)

Einen Satz von sechs Scheibenpflügen zieht der Dampf-Traktor von Ruston, Proctor & Co. über den amerikanischen Acker. (27)

Rechte Seite: Hochdruck-Expansions-Lokomobile, 10700 kg, gebaut vor der Jahrhundertwende. (5)

mobile wie ein Pferd vor den Pflug zu spannen und so den Acker zu bearbeiten. Erst durch den Engländer Heathcote kam die Lösung. Er zog den Pflug mit einem Stahlseil, das über eine am Feldrand befindliche Windenvorrichtung lief und von einer Lokomobile angetrieben wurde, über den Acker. Somit war ein brauchbarer Weg zum Einsatz der Dampfkraft auch für die Bearbeitung von Kulturböden möglich. Auch der Engländer John Fowler, der 1862 in Leeds seine Firma gründete, versuchte, Pflüge mit Seilzügen über das Feld zu ziehen. Er wandte zuerst das sogenannte Einmaschinensystem an. Über eine fahrbare Zweitrommelwinde, die über Riemen von einer Lokomobile angetrieben wurde, konnte mit Hilfe eines versetzbaren Festpunktes der Kipp-Pflug an einem Stahlseil in zwei Richtungen über den Acker gezogen werden. Ähnlich aufgebaut war auch das Umkreisungssystem, das mit einer Lokomobile, aber mit zwei Winden arbeitete. Weltweit durchgesetzt hat sich letztlich das Zweimaschinen-System, auf das Fowler 1856 ein englisches Patent bekam. Mit zwei gezogenen – später selbstfahrenden – Lokomobilen, die jeweils mit einer festangebauten Seilwinde ausgerüstet waren und am Feldrand standen, wurde der Kipp-Pflug abwechselnd über den 300 bis 400 m langen Acker gezogen. Die Dampfseilpflüge waren noch lange auf den großen Feldern Europas zu sehen. Sogar noch nach dem Zweiten Weltkrieg wurden in Deutschland die Dampfseilpflüge, vor allem zur Ödlandkultivierung, eingesetzt.

Rotierende Bodenbearbeitungsgeräte – eine Alternative zum Pflug

Parallel zum Pflügen wurde eine andere Art der Bodenbearbeitungstechnik – das Fräsen – entwickelt. Überlegungen hierzu gab es schon ab ca. 1845. So hat der Engländer Hoskyns zu dieser Zeit geschrieben: »Es ist unzweckmäßig, die rotierende Kraft der Dampfmaschine zum Ziehen des Pfluges zu verwenden; besser ist es, mit rotierenden Werkzeugen den Boden zu bearbeiten.« Der Engländer Usher verwirklichte als erster die Idee von Hoskyns und montierte an eine Dampfmaschine ein rotierendes Bodenbearbeitungsgerät, das er 1856 in Paris vorführte. Im gleichen Jahr wurde auf diese Weise in Kanada ein von Pferden gezogener, dampfbetriebener Pflug mit rotierenden Scharen zum Fräsen eingesetzt. 1866 kam von dem Engländer Darby ein von einer Dampfmaschine angetriebenes Bodenbearbeitungsgerät zum Einsatz. Auch in anderen Ländern wurde an dem Problem der pfluglosen Bodenbearbeitung experimentiert. Doch praktische Bedeutung erlangte erst der von dem ungarischen Gutsbesitzer Mechwart in den 90er Jahren des vorigen Jahrhunderts entwickelte, dampfbetriebene Schaufelpflug. Diese 18 PS starke und 20 t schwere Dampflokomobile war mit einem rotierenden, pflugartigen Körper von 1,20 m Durchmesser ausgerüstet. Die Arbeitsbreite betrug 1,50 m, und man konnte laut Prospekt auf zähem Tonboden eine Arbeitstiefe von 33 cm erreichen. Die Tagesleistung betrug 2,5 bis 3 ha. Mechwart konstruierte auch eine kleinere Maschine mit einem Petroleum-Motor, Fabrikat Bánki, der bei 420 U/min 12 PS leistete. Das Gewicht der Maschine betrug nur 3300 kg. Weitere interessante Daten zu dieser ersten selbstfahrenden Bodenbearbeitungsmaschine mit Verbrennungsmotor in Europa waren: Fahrgeschwindigkeit 780 m/Std., Petroleumverbrauch 5–6 kg/Std., Flächenleistung 0,15 ha/Std. Beide Fräsmaschinen wurden bei Ganz & Co., Budapest, gebaut, deren Direktor Mechwart später wurde.
Zu dieser Zeit vertrieb auch die Berliner Firma H. F. Eckert den »rotierenden Spaten«, der von dem Amerikaner Comstock entwickelt worden war. Dieses von Pferden gezogene Gerät besaß seitlich zwei Scheiben, die mit ca. zwölf starken Stäben untereinander verbunden waren. Die Stäbe trugen meißelartige Stahlspaten, die in den Boden eindrangen und eine lockere Ackerkrume erzeugten.

John Fowler & Co., Magdeburg.

In allen Angelegenheiten betreffend

Dampfpflüge

Strassenlokomotiven

und

Dampf-Strassenwalzen

ertheilt Auskunft das Bureau von **John Fowler & Co., Berlin NW.,**
Schiffbauerdamm 21. (2350)

John Fowler & Co., Magdeburg.

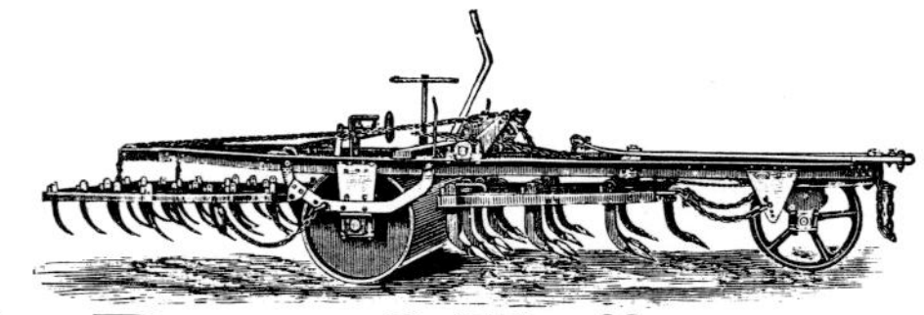

Fowler's Dampf-Krümmer-Walze.

Fowler's
Sieben-Furchen-Flachpflug
mit Antibalance-Vorrichtung.

Fowler's
kombinierter Tief-Dampfpflug
mit Untergrundwühlern.

Die Fowler'schen Dampfpflug-Apparate, sowohl ihre Ein-Maschine-Systeme für kleine und mittelgrosse Güter als auch ihre Zwei-Maschinen-Systeme für die grössten Besitzungen und für Lohndampfpflug-Unternehmungen und Genossenschaften, sind in Tausenden von Exemplaren in Deutschland und in allen Staaten der Welt mit den grössten Erfolgen für die Landwirtschaft im Betriebe. Referenzen von den ersten Autoritäten der **Landwirtschaft, der Forstwirtschaft, des Wein- und Hopfenbaues, des Obstbaues etc.** stehen zur Verfügung.

John Fowler & Co., Magdeburg.

Auskunftsstelle in Berlin NW., Schiffbauerdamm 21.

Dampfseilpflug-Lokomobile (Ploughing Engine), Straßen- Lokomobile (Traction Engine) und Dampfwalzen (Road Roller) sowie die dazugehörigen Geräte und Maschinen von JOHN FOWLER & Co., Leeds, arbeiteten auf allen Straßen und Feldern der Welt. (29)

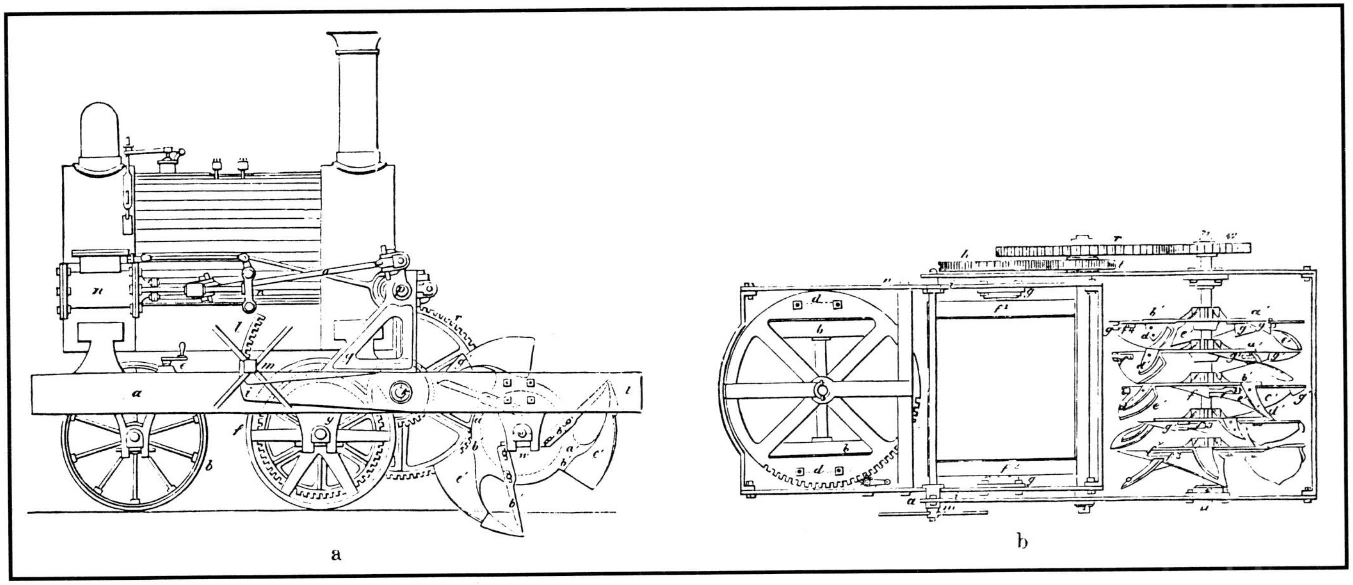

Links: Die dampfbetriebene Bodenbearbeitungsmaschine von R. J. USHER aus Edinburgh (Patent 1849). (27)

Die drei Abbildungen links unten zeigen die verschiedenen Betriebssysteme zum Dampfseilpflügen.

Das Einmaschinen-Sysrem, bei dem mit einer Lokomobile und einer Zweitrommel-Seilwinde der Pflug zwischen Ankerwagen und Maschine hin- und hergezogen wurde.

Das Umkreisungs-System arbeitete ebenfalls mit einer Lokomobile und einer Zweitrommel-Seilwinde. Zwischen zwei Festpunkten – den Ankerwagen – wird der Pflug abwechselnd über den Acker gezogen.

Das Zweimaschinen-System bestand aus zwei selbstfahrenden Lokomobilen, die an den Vorgewenden des Ackers standen. Die untergebauten Seilwinden zogen den Pflug abwechselnd zwischen den Lokomobilen hin und her. (27)

Unten: Eine Dampfseilpflug-Lokomobile von Kemna, Breslau, gebaut 1902. (29)

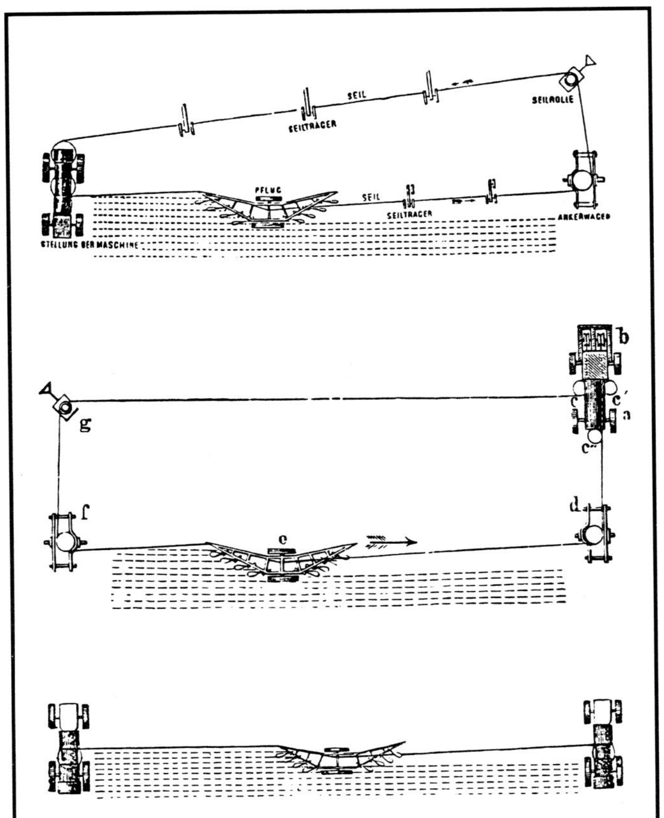

Auf dem Acker tritt der Schlepper mit Verbrennungsmotor gegen die Dampfmaschine an

Der Konstrukteur und sein Werk, MECHWART (vorn) und seine Dampf-Landbau-Maschine. (27)

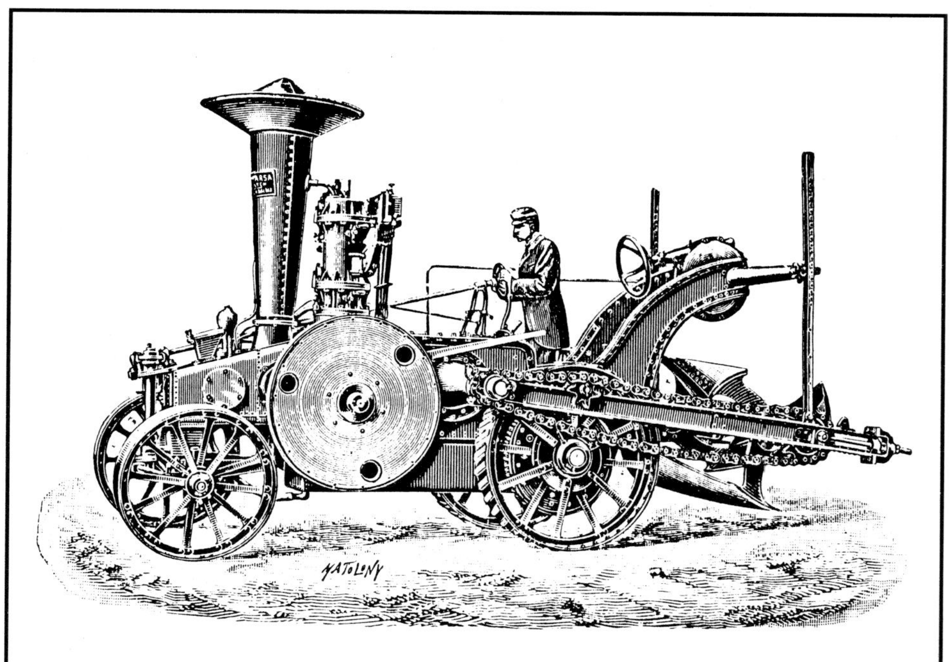

MECHWART baute in Europa die erste selbstfahrende Bodenbearbeitungsmaschine, die von einem Verbrennungsmotor angetrieben wurde. (27)

1889 wurde von der Charter Gas Engine Corp. in Chikago (USA) der erste Schlepper mit Verbrennungsmotor hergestellt, bei dem auf ein Dampflokomobil-Fahrgestell ein 1-Zylinder-Motor gesetzt wurde. 1892 folgte von J. FROELICH aus Iowa (USA) eine ähnliche Konstruktion. In England wurde ab 1902 der »Agrikultur-Motor System Ivel« angeboten. Dieser dreirädrige Universal-Traktor mit 18- bis 20-PS-Benzin-Motor, 1800 kg Eigengewicht und nur drei Metern Länge sah den heutigen Traktoren schon sehr ähnlich. Er verfügte über einen Vorwärts- und einen Rückwärtsgang, und alle Maschinen, die sonst für den Pferdezug vorgesehen waren, konnten angehängt werden. Auch war dieser Traktor als Zugmaschine auf der Straße anwendbar und konnte wie jede Lokomobile zum Antrieb von Dresch- oder Häckselmaschinen benutzt werden. Dieser erste »echte« Universal-Traktor wurde auch in Deutschland angeboten, konnte aber trotz seines geringen Preises von 6800,– Mark keinen bedeutenden Abnehmerkreis finden. 1907 baute die Gasmotorenfabrik Deutz, Köln, nach den Patenten von BREY und HEYER eine vierradgetriebene und vierradgelenkte, 40 PS starke Motorzugmaschine, an die vorn und hinten je ein mehrschariger Kipp-Pflug angebaut war, der durch Seilzug ausgehoben werden konnte. Die Maschine pflügte in beiden Richtungen und konnte sich, sobald die Adhäsion am Boden zu gering war, notfalls mit einem Spill am Ankerseil selbst entlangziehen. Doch dieser Motorpflug war in der Handhabung recht umständlich und zeigte viele technische Mängel, so daß Deutz die Produktion bald wieder aufgab. Im gleichen Jahr erschien der »Landbau-Motor, Patent Köszegi«. Auch KÖSZEGI stammte wie MECHWART aus Ungarn. Bei diesem Landbau-Motor handelte es sich um eine von einem mehrzylindrigen Benzinmotor angetriebene, selbstfahrende Fräsmaschine, ähnlich der Bauart Mechwarts. Nachfolgend ein Auszug einer 1909 erschienenen Beschreibung dieser Maschine anläßlich der Ausstellung der Deutschen Landwirtschaftsgesellschaft (DLG) in Leipzig:

»Nachdem ich ihn (den Landbau-Motor) dann in Tätigkeit gesehen habe, glaube ich mit ruhigem Gewissen behaupten zu können, dieser Motor ist das Interessanteste, was die ganze Ausstellung bot, und wenn ein Vertreter der ausstellenden Firma mir sagte: Dieser Apparat wird umwälzend auf die ganze Bodenbearbeitung wirken, so hat er jedenfalls nicht ganz unrecht. In Leipzig arbeitete der Landbau-Motor auf sehr hartem Lehmboden, und wo er mit etwa vier km Geschwindigkeit hergefahren war, ließ er den Boden in Breite seiner mehr als zwei m Spur so fein bearbeitet zurück, wie wenn ein Gärtner sich hier mit Spaten, Hacke und Harke ein Saatbeet zurechtgemacht hätte, und zwar bis zu einer Tiefe von 35 cm. Eine solche Arbeit ist mit Pflug und Egge überhaupt kaum zu erreichen. Daß eine solche Kulturmethode, die an Stelle fünf- bis sechsmaligen Befahrens des Ackers mit Gespannen ein einmaliges Befahren mit einem durch zwei Mann bedienten Motor ganz erhebliche Vorteile hat, leuchtet ohne weiteres ein. Der Motor macht 30 Morgen in 10 Stunden fix und fertig.«

Ungarische Landtechniker vertraten sogar die Ansicht: »Die Bearbeitung des Bodens nach Köszegischer Art wird den Preis von 1 kg Brot um 70% verbilligen.«

Ab 1909 wurde der Landbau-Motor, Patent Köszegi, von der Motorenfabrik Kämper, Berlin, gebaut. Lanz übernahm 1912 die Patente und baute den »Landbau-Motor Lanz, System Köszegi«.

Doch zurück in das Jahr 1909, das noch weitere interessante Maschinen zur Bodenbearbeitung hervorbrachte. So den »Marshall-Petroleum-Pflugmotor« aus England, einen Schlepper mit einem 25 PS starken Motor, der als Zugmaschine für

Oben: Motorpflug der Gasmotoren-Fabrik Deutz aus dem Jahre 1907, 40 PS, Vierradantrieb. (12)

Unten: Nur 1800 kg wog der »Agrikultur-Motor System Ivel«. (27)

Einer der ersten Traktoren mit Verbrennungsmotor, gebaut von Froelich in Iowa (USA). (47)

Straße und Acker gleich gut geeignet war. Ein Schlepper mit einem 60-PS-Argus-Motor wurde von der Motorpflug GmbH, Berlin, gebaut. Auch hierbei handelte es sich um eine reine Zugmaschine, an die verschiedene Bodenbearbeitungsgeräte angehängt werden konnten. Um die nötige Adhäsion der hinteren, großen Antriebsräder des Schleppers am Boden zu erreichen, wurden die Räder mit gelenkigen Metallschuppen versehen. Aus der Schweizer Maschinenfabrik St. Georgen, Zürich, kam das »Land-Automobil König«, das von den Ingenieuren KÖNIG und VON MEYENBURG konstruiert worden war. Dieser 35 PS starke und 3,5 t schwere Dreiradschlepper konnte entweder als Zugmaschine für angehängte Bodenbearbeitungsgeräte oder mit einer rotierenden Welle, auf der Hacken beweglich angebracht waren, auch als Bodenfräse benutzt werden. Eine Weiterentwicklung des »Landbau-Automobils König« wurde ca. 1912 von der Maschinen-und Motorenfabrik Güldner, Aschaffenburg, gebaut.

Links: Der 45 PS starke Landbau-Motor von 1908 zieht bei einer Vorführung zwölf Ackerwagen. (29)

Links unten: Lanz Landbaumotor mit Anbaufräse, System Köszegi, gebaut um 1910. (5)

Solche Konstruktionen sollten die Adhäsion der Antriebsräder erhöhen. (27)

Originaltext von 1910: »Das Automobil König beim Einheimsen der Ernte«. (29)

<u>Unten:</u> 60/70 PS stark ist der Motorpflug der englischen Firma Marshall, Sons & Co. (27)

Der Konstrukteur und sein Werk – der Landbaumotor »Faktotum«. (29)

Der Motortragpflug – Deutschlands Beitrag zur Motorisierung der Feldarbeit

Neben der selbstfahrenden Motorfräse und dem Motorschlepper kam 1910 der Motortragpflug auf den Markt, ein weiterer Beitrag zur Motorisierung der Bodenbearbeitung. ROBERT STOCK aus Berlin, erfolgreicher Fabrikant und wohlhabender Besitzer mehrerer landwirtschaftlicher Güter, konstruierte mit seinem Mitarbeiter KARL GLEICH ab 1908 den vorderlastigen Motortragpflug, der 1911 der Öffentlichkeit vorgeführt wurde. Der »Stock-Motorpflug« wog etwa vier Tonnen. Zwei große Antriebsräder vorn mit einem Durchmesser von 2,20 m trugen den starren, neun Meter langen Rahmen. Der hintere

Rechts: Vor Landtechnikern in Hohenheim wird erstmals der Stock-Motortragpflug vorgeführt. (29)

Unten: Anzeige 1913 (29)

Stock Motorpflug

Erster deutscher Kraftpflug :: :: Vieljährig erprobtes System

Stark — leicht — einfach — billig (168)

Grand Prix	Ehren-Diplom	Gr. Gold. Medaille	Goldene Medaille	Erster Preis
Soissons	Madrid	Tunis	Slobozia (Rumänien)	Satalic b. Prag

750 Stück in allen Weltteilen verkauft

Hunderte von Anerkennungen. Verlangen Sie den reich illustrierten Prospekt 12

Stock Motorpflug G. m. b. H., Berlin SO 16

STOCK MOTORPFLUG G.m.b.H. BERLIN

Rechts oben: Das Foto zeigt den WD-Tragpflug mit separatem 5-Schar-Pflugrahmen beim Wenden. (3)

Rechts unten: Mit dem WD-Motorpflug ging es bergauf. (29)

Pflugteil mit den fest angeschraubten Scharen sowie der vordere Motorteil hielten sich gewichtsmäßig fast die Waage. Die Lenkung der 24 PS, später 42 PS starken Bodenbearbeitungsmaschine erfolgte über ein hinten angebrachtes Stütz- und Lenkrad. Nach anfänglichen Mißerfolgen fand der Stock-Motortragpflug dank seiner robusten Bauart, seiner einfachen Bedienung und vielseitigen Anwendungsmöglichkeiten bald einen großen Abnehmerkreis. Bis zum Anfang des Ersten Weltkrieges wurden fast 1000 Motortragpflüge von Stock, Berlin, gebaut und in alle Welt verkauft.

Auf Grund praktischer Erfahrungen mit diesem Motortragpflug entwickelten der Ingenieur Wendeler und der Landwirt Dohrn 1912 den »W. D.-Motorpflug«, der den Nachteil der starren Befestigung der Pflugschare am Rahmen dadurch behob, daß die Schare an einem separaten, beweglichen Pflugrahmen befestigt waren. Der WD-Motortragpflug wurde bei der Hannoverschen Maschinenbau AG vorm. Georg Egestorff, Hannover-Linden, gebaut und über die Deutsche Kraftpfluggesellschaft m.b.H., Berlin, vertrieben.

Ähnlich aufgebaut wie der Stock- und der WD-Motortragpflug war der Motorpflug der Berliner Firma Gast, ein kleiner und trotzdem robuster, 50 PS starker Schlepper mit zwei großen vorderen Antriebsrädern und einem kleineren hinteren Stützrad, das gleichzeitig als Lenkrad diente. Beim Gast-Motorpflug, an den die Bodenbearbeitungsgeräte angehängt wurden, war der Motor zwecks leichterer Lenkbarkeit und gleichmäßiger Gewichtsverteilung weit vorn angebracht. Weitere interessante Geräte aus dieser Zeit waren eine aus Frankreich kommende, von einem kleinen Benzinmotor angetriebene Selbstfahr-Mähmaschine und der Motorpflug von Unterlip, ein kleiner, motorgetriebener Scheibenpflug.

Die Deutsche International Harvester Comp. (IHC) vertrieb einen Schlepper, der mit einem liegenden 1-Zylinder-Motor von 20 PS Leistung ausgerüstet war. Einige dieser Maschinen wurden in Ostpreußen eingesetzt. Seit 1911 wurde bei der Maschinenfabrik Gustav Pöhl, Gösnitz (Sachsen), ein neuer und vielversprechender Motorpflug gebaut, der ab 1912 nach einigen konstruktiven Rückschlägen auf den Markt kam. Nachfolgend der Originaltext einer Beschreibung von 1913:

»Der Motorpflug, System Pöhl, besteht aus einem dreirädrigen Motorwagen und dem aufgehängten Pfluggerät, er wird in zwei Größen mit drei bis vier und vier bis sechs Scharen geliefert; diese beiden Typen wiegen 2,5 und 3,5 t; zur

Eine technisch interessante Konstruktion war der Motorpflug von Gast. (29)

Bedienung ist nur ein Mann erforderlich, das Ausheben der Pflugschare wird mittels Drahtseil und Winde durch die Motorkraft bewirkt. Der 25-PS respektive 40-PS-Motor treibt die beiden Hinterräder an, wobei durch einfaches Umschalten drei verschieden schnelle Vorwärtsgänge (bis zehn km pro Stunde) und ein Rückwärtsgang zur Verfügung stehen; außerdem wird vom Motor die Vorschneiderwelle beim Pflügen angetrieben.«

Pöhl gehörte, wie auch Stock, zu den führenden deutschen Motorpflug-Firmen, die entscheidend an allen Problemen der motorisierten Bodenbearbeitung und deren technischen Lösungen mitgewirkt haben. So entwickelte Pöhl z. B. eine automatische Selbstführung des Schleppers, auch konnten spätere Pöhl-Schlepper durch Herablassen des Pfluges gestartet werden. Ab 1912 ging – wie bereits erwähnt – bei der Heinrich Lanz AG, Mannheim, die bis dahin über 30000 Dampflokomobile baute, der »Landbaumotor Lanz, System Köszegi« in Produktion. Diese selbstfahrende Bodenfräse wurde von einem 80 PS starken 4-Zylinder-Benzinmotor angetrieben und wog 4800 kg. Die Hauptbestandteile Fahrgestell, Motor, Getriebe und das eigentliche Arbeitswerkzeug – die rotierende Hauenwelle – stellten in ihrem Gesamtaufbau eine geschlossene Einheit dar. Mit einer hydraulischen Hebevorrichtung erfolgte die Hoch- und Tiefstellung der Fräswelle. Durch Abnehmen des Frästeiles konnte der Landbaumotor auch als Zugmaschine verwendet werden. Mit dieser Maschine nahm im Mai 1913 die Heinrich Lanz AG an der ersten »Pflugtraktoren-Konkurrenz« in Rumänien teil. Von den 14 Maschinen wurde der Lanz-Landbaumotor mit der höchsten Punktzahl bewertet, was angesichts der übermächtigen amerikanischen und englischen Konkurrenz ein sehr großer und erster internationaler Erfolg für die noch junge deutsche Motorpflugindustrie war.

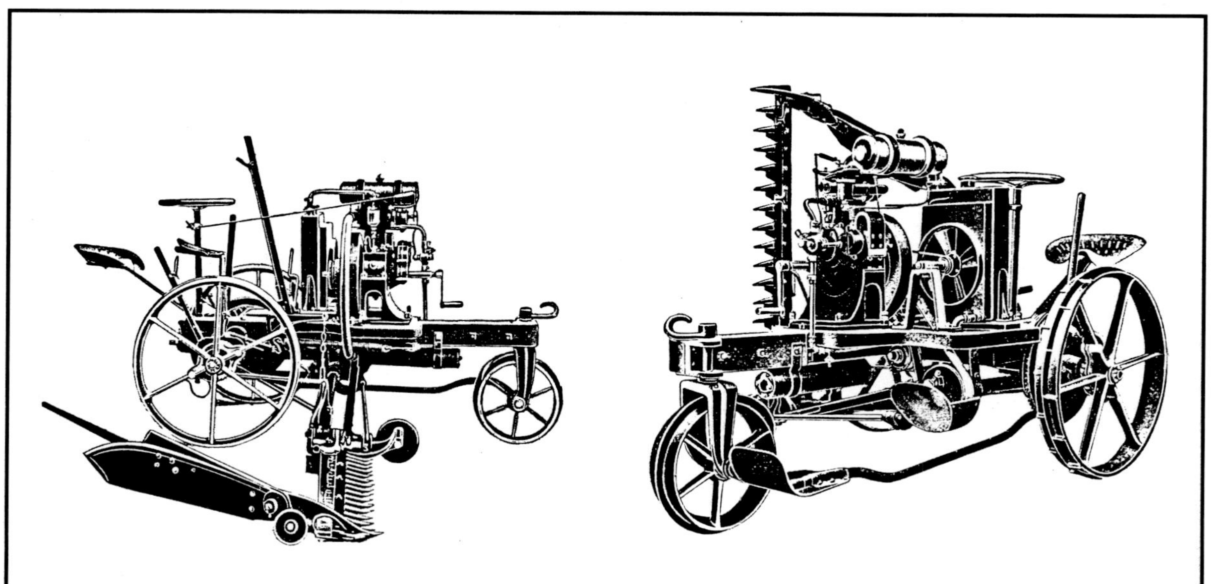

Aus Frankreich kam die »Automobile Mähmaschine«. (29)

Die Abbildungen oben und ganz rechts zeigen den Pöhl-Motorpflug: er bestand aus einem dreirädrigen Motorwagen und dem angebauten Pflugteil, welches mit einer Windenvorrichtung angehoben werden konnte. (27)

Links: Der Landbaumotor-Lanz auf der Straße. (27)

Der erste Motorpflug-Test in Deutschland

Im August 1913 fand unter großem öffentlichen Interesse die erste Motorpflugprüfung der DLG in Klein-Wanzleben bei Magdeburg statt. Aufgefahren waren neun verschiedene Maschinen: Tragpflüge, Traktoren und ein Motorseilpflug. Die Firma Kuers war mit dem Ergomobil-Motorseilpflug, der nach dem Zwei-Maschinen-System arbeitete, vertreten. Pöhl führte zwei Tragpflüge vor, einen mit 30 PS und einen stärkeren mit 60/80 PS. Die Deutsche Kraftpfluggesellschaft, Berlin, kam mit ihrem bekannten, 50 PS starken WD-Pflug. Neu war der Akra-Tragpflug von der Kyffhäuserhütte in Artern, der mit 9100 kg die schwerste Maschine war. Von den Schleppern war der 60 PS starke »Mogul« von der IHC sowie der Caterpillar-Traktor der Holt-Caterpillar-Company, Stockton (Kalifornien), vertreten. Der Caterpillar war ein Kettenschlepper mit einem 4-Zylinder-Motor. Von der »Universal-Motorpfluggesellschaft Freiherr von Wangenheim, München«, wurde ein Schlepper aus englischer Produktion vorgeführt. Geprüft wurden an drei Tagen Brennstoff-, Schmiermittel- und Wasserverbrauch, Flächenleistung und Furchentiefe sowie die Qualität der Bodenbearbeitung. Mit Bremsversuchen wurde die effektive Motorleistung bestimmt. Anschließend wurden die Maschinen auf verschiedene Güter zu einer 30tägigen Dauerprüfung verteilt. Das Ergebnis dieses ersten deutschen Tests zeigte, daß bis auf den großen Pöhl-Pflug, der durch mehrere größere Defekte ausfiel, alle Maschinen für die Praxis für brauchbar befunden wurden, obwohl »kleinere« Defekte, wie Brüche und explodierende Kraftstofftanks, vorkamen.

Technische Daten der 1913 geprüften Motorpflüge

Fabrikat	Typ	Motorleistung	Gesamtgewicht in kg	Gewicht auf Antriebsachse	Preis
Ergomobil	Seilpflug	30 PS bei 360 U/min	7940	5560 kg	21 500 Mark
IHC-»Mogul«	Schlepper	44 PS bei 370 U/min	9040	5910 kg	23 000 Mark
Caterpillar	Raupe	59 PS bei 500 U/min	9520	8200 kg	24 000 Mark
Universal	Schlepper	44 PS bei 740 U/min	6685	5035 kg	18 500 Mark
Pöhl	Schlepper	30 PS	3147	2130 kg	13 000 Mark
Pöhl	Schlepper	60/80 PS	5040	3340 kg	16 000 Mark
Stock	Tragpflug	43 PS bei 700 U/min	5920	5400 kg	18 000 Mark
WD	Tragpflug	50 PS bei 600 U/min	6050	5480 kg	18 000 Mark
Akra	Tragpflug	57 PS bei 730 U/min	9100	7400 kg	20 000 Mark

Der in Klein-Wanzleben vorgeführte Stock-Motortragpflug besaß bereits einen Rückwärtsgang. (29)

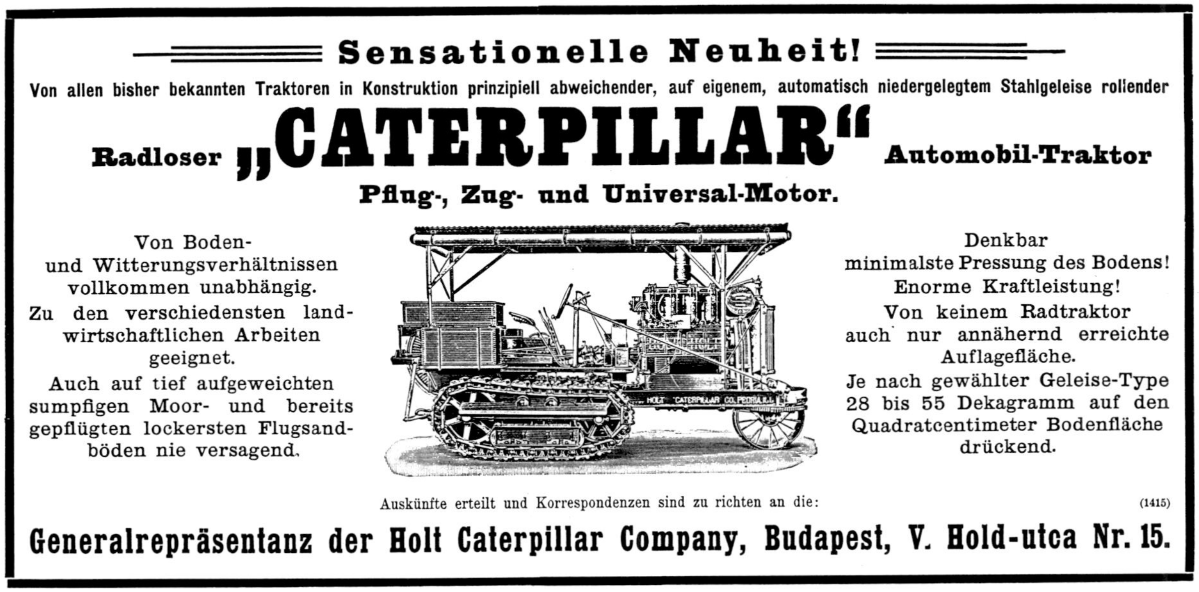

Oben: Das erste Kettenfahrzeug auf Deutschlands Äckern war der »Caterpillar«. (29)

Unten: Mit über 9 t Gewicht war der »Akra« der schwerste Tragpflug, der gebaut wurde. (29)

Neue Motorpflug-Konstruktionen

Einen der Dampflokomobile sehr ähnlich sehenden Motorschlepper baute ab 1913 die Motorenfabrik München-Sendling. Unter der Attrappe für Kessel und Feuerbuchse waren der 4-Zylinder-Motor und der Kühler versteckt. Andere Schlepper wiederum sahen den damaligen Automobilen sehr ähnlich, so eine aus Frankreich kommende Konstruktion zwischen Seilpflug und Schlepper. Der »Tracteur-Treuil« von Bajac fuhr ohne Pflug an das andere Ende des Ackers und zog mittels einer untergebauten Seilwinde dann den Pflug über das Feld. Sehr fortschrittlich war auch der Pöhl-Schlepper mit mechanischer Aushebevorrichtung des angebauten Pfluges. Stock bot einen 50-PS-Motorpflug mit »motorischer Tiefeneinstellung« der Schare an. Die letzten beiden Jahre vor dem Ersten Weltkrieg brachten in Deutschland und Europa eine derart große Zahl verschiedenster Typen von mit Verbrennungsmotoren angetriebenen Bodenbearbeitungsmaschinen hervor, daß selbst führende Landtechniker nicht in der Lage waren, eine Zusammenstellung aller Systeme und Typen herauszugeben. Seilpflüge, Motorschlepper, Fräsmaschinen, Tragpflüge, Raupenschlepper und die verschiedensten Dampflokomobile warben um die Gunst der Landtechniker und der Gutsbesitzer.

Eine andere neue Konstruktion erweiterte die fast unübersichtliche Palette der Maschinen. John Fowler, Magdeburg, eine Filiale der englischen Firma, zeigte 1914 auf der DLG einen Einmann-Einachs-Motorpflug, der »vom Knecht an den Sterzen geführt werden konnte«.

Zwar brachte der Erste Weltkrieg zwangsläufig einen vorübergehenden Stillstand in der Produktion neuer Maschinen, nicht aber an neuen Ideen. Auch das Militär benutzte die Motorschlepper und Motorpflüge zum Transport schwerer Güter. So wurde z. B. der Landbaumotor von Lanz – nach Abbau des Frästeiles – zum Ziehen von Geschützen verwandt. Stock-Motorpflüge zogen Schützengräben oder wurden zum Pflügen von »Feindesland« benutzt. Noch vor dem Ersten Weltkrieg führte die Hamburger Firma Sternemann + Co., Hanseatische Maschinen- und Motorpflug-Gesellschaft, aus Schweden eine neue Schleppergeneration ein, zu welcher der Rohöl-Motorpflug »Avance« gehörte. Die deutsche Landwirtschaft wurde von dieser neuen Schleppergeneration insbesondere durch die Firma Lanz stark beeinflußt. Dieser Schlepper war mit einem stehenden 1-Zylinder-Zweitakt-Glühkopf-Rohöl-Motor von 12/14 PS Leistung ausgerüstet. Ende des Jahres 1917 leisteten allein 170 dieser Rohöl-Schlepper ihre Arbeit auf Deutschlands Äckern. Einen »Rohölglühhaubenmotorpflug« baute auch die Apenrader Motorenfabrik.

Im Jahre 1921 kam die Heinrich Lanz AG mit dem ersten deutschen selbstfahrenden Rohölmotor – nach einer Konstruktion von Ing. Fritz Huber – auf den Markt: dem »Bulldog«.

Oben: Zu den ersten Herstellern von Tragpflügen gehörte auch die Automobilfabrik Komnick. (29)

Links: Der Sendling-Traktor sah der Lokomotive sehr ähnlich. (27)

Oben: Eine einfache und robuste Konstruktion war der »Avance«-Rohöl-Motorpflug. (29)

Links oben: Der Landbaumotor-Lanz beim Einsatz in »Feindesland«. (29)

Links unten: Ein Sonderzug mit Stock-Motorpflügen auf einem Berliner Bahnhof 1915. (29)

Unten: Ein weiterer Schlepper mit Glühkopfmotor kam aus Dänemark. (29)

Der Traktor aus Amerika

Eine weitere, die Landwirtschaft revolutionierende Konstruktion auf dem europäischen Acker war der Traktor des amerikanischen Automobilfabrikanten Henry Ford. Ford ließ schon ab 1907 aus Teilen seiner Autos verschiedene Traktoren bauen und erproben. Zur serienreifen Weiterentwicklung kam es aber nicht, da Ford sämtliche Kapazitäten seines Werkes für die Autoproduktion benötigte. Erst ab 1915 wurden von Ford & Son (Fordson) in Dearborn (USA) wieder Traktoren nach neuesten produktionstechnischen Gesichtspunkten gebaut.

Die Fordson-Schlepper wurden in großer Zahl nach England geliefert, um der deutschen U-Boot-Blockade entgegenzuwirken. Dieser leichte Schlepper mit Benzinmotor war erstmals in rahmenloser Blockbauweise gebaut worden. Dieses Konstruktionsprinzip, bei dem Getriebe und Motor zu einer Einheit verschraubt waren, ist bis heute erhalten geblieben. Nachfolgend ein Auszug der ersten Beschreibung des Ford-Schleppers in der »Deutschen Landwirtschaftlichen Presse« von 1918:

> »Der neue Ford-Zugwagen für landwirtschaftliche Zwecke weist kein eigentliches Rahmengestell auf. Kurbelgehäuse, Getriebekasten und das Gehäuse der Hinterradachse bilden vielmehr gleichfalls den Rahmen des Wagens. Durch diese Anordnung und durch die Verwendung von hochklassigem Material soll eine so große Gewichtsersparnis erzielt werden, daß das Gesamtgewicht der Maschine nur 1125 kg beträgt. Ford verwendet zum Betrieb seines Wagens einen Vier-Zylinder-Motor von 120 mm Bohrung und 127 mm Hub, nach dem Blocksystem mif L-förmigem Zylinderkopf. Das Zylindervolumen wird mit 4114 cm^3 angegeben. Bei einer Tourenzahl von 1000 pro Minute leistet dieser Motor 22 PS. Dabei bilden Motor, Kraftübertragungsmechanismus und Gehäuse ein einheitliches Ganzes, das abgefedert auf der Vorderachse gelagert ist. Der Brennstoffbehälter ist oberhalb des Motors angebracht und hat einen Inhalt von 82 Litern. Die gesamte Schmierung erfolgt automatisch. Für den Betrieb des Wagens sind drei Vorwärtsgeschwindigkeiten und eine Rückwärtsgeschwindigkeit vorgesehen, wobei der Wagen bei seiner größten Geschwindigkeit rund 11 km pro Stunde zurücklegen kann.«

Die deutschen Politiker und viele Landtechniker wetterten gegen die aus »Feindesland« kommenden »Spielzeugschlepper«. Doch die deutsche Landtechnik-Industrie hatte noch an den Folgen des verlorenen Krieges zu leiden und konnte nichts

Ansprechende Werbung für den Landbau-Motor von Lanz. (29)

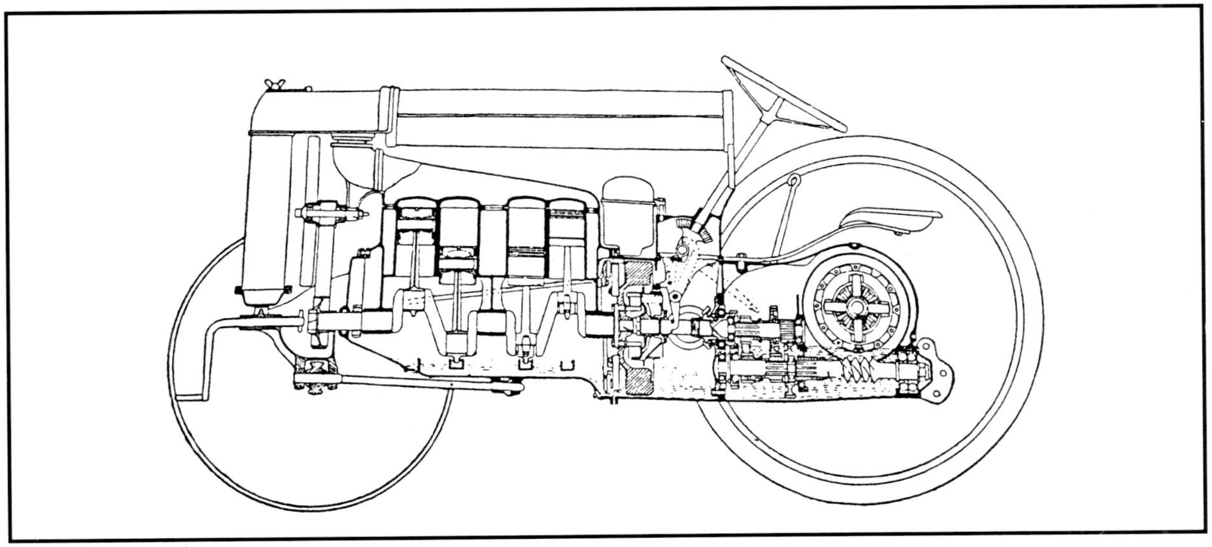

Gleichwertiges anbieten. So bauten 1920 fast 70 verschiedene Firmen in Deutschland an allen möglichen und unmöglichen Schlepperkonstruktionen herum. Viele kamen aus dem Versuchsstadium nicht heraus. Nur ein paar wenige größere Firmen bauten Schlepper, die technisch einigermaßen brauchbar waren. Genannt seien hier Pöhl, Stoewer, Wendeler und Dohrn, Stock, Lanz und Hansa-Lloyd. Hansa-Lloyd, Bremen, baute ab 1916 einen Motorschlepper mit einer Motorleistung von 18 PS. Die Firma Podeus, Wismar, ließ sich beispielsweise für ihren Kettenschlepper den Namen »Raupenschlepper« gesetzlich schützen. Die Stoewer-Werke AG bauten ab 1919 unter der Typenbezeichnung 3 S 17 einen 38 PS starken Schlepper, der in über 200 Exemplaren bis 1922 hergestellt wurde. Deutz in Köln produzierte ab 1919 den »Deutzer-Trekker«, mit 40-PS-Motor, gefederter Vorder- und Hinterachse sowie einer Seilwinde. Das Konstruktionsprinzip zu dieser Maschine entstammte einer Entwicklung aus einer Heereszugmaschine.

Links oben: Mit dem Fordson-Schlepper kam die Wende. (29)

Links: Die Raupe zieht den Pflug. (29)

Unten: Eine Anzeige aus dem Jahre 1919. (27)

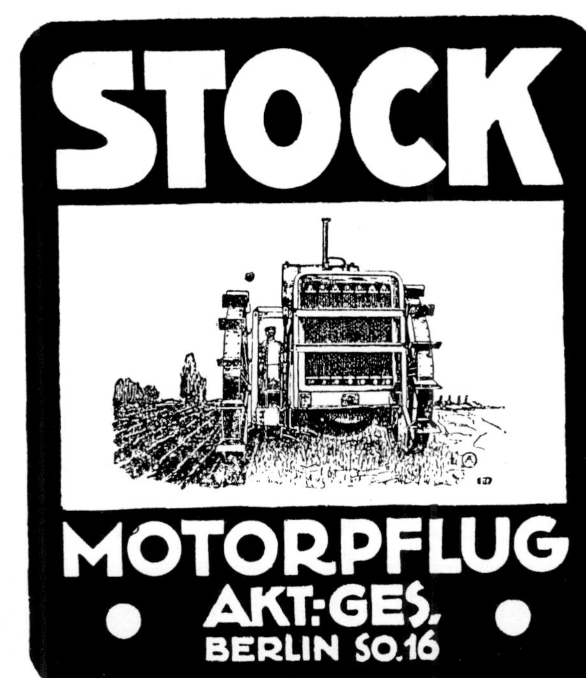

Oben: Stoewer-Schlepper, Typ 3 S 17, gebaut von 1917 bis 1922. (21)

Oben rechts: »Deutzer Trekker« aus dem Jahre 1919. (12)

Unten: Wenn die Pferde ruhen, pflügt der Stock. (29)

Die DLG-Ausstellung in Leipzig im Jahre 1921

Der verlorene Erste Weltkrieg hatte in der Landwirtschaft zu völlig neuen Verhältnissen geführt. Der Mangel an Arbeitskräften und Gespanntieren sowie der große Bedarf an landwirtschaftlichen Produkten zwangen die deutsche und europäische Landwirtschaft zum Einsatz von motorisch betriebenen Bodenbearbeitungsmaschinen. Die vor oder während des Krieges gebauten Motorpflugsysteme wurden fast unverändert weiterproduziert, so der Lanz-Landbaumotor und die Tragpflüge von W. D. und Stock. Doch schon bald nach 1919 tauchten die ersten neuen Konstruktionen auf, die trotz minderwertigen Materials und Mangel an Rohstoffen, wie Stählen, Schmierölen und Treibstoffen, gebaut und auf Deutschlands Äckern eingesetzt wurden. Neben einigen kuriosen Bodenbearbeitungsmaschinen ohne Zukunft, wie z. B. die Eintriebradschlepper, wurden auch viele wegweisende Konstruktionen ein paar Jahre nach dem Krieg in Deutschland entwickelt und gebaut oder auf den deutschen Markt gebracht, wie der »Lanz-Bulldog-Schlepper«, der bis 1960 in über 200 000 Exemplaren in der ganzen Welt arbeitete. Die rahmenlose Blockbauweise – erstmals 1912/13 beim amerikanischen Wallis-Traktor angewandt – wurde bis heute beibehalten. Die ersten Dieselschlepper wurden ebenfalls in Deutschland gebaut.

Einen sehr guten Überblick über den damaligen Entwicklungsstand der deutschen Motorpflugindustrie bot die DLG-Ausstellung in Leipzig im Jahre 1921. Dort gaben sich die verschiedenen Motorpflugsysteme – Tragpflüge, Seilpflüge und Schlepper – ein Stelldichein. Von den Tragpflügen waren die alten und bewährten Modelle von Stock und W. D. zu sehen. Neu dagegen war der Tragpflug von Vogler, Berlin, der einen 4-Zylinder-Motor der Firma Vogtländer Maschinenfabrik AG, Plauen (Vomag) besaß. Neu war auch der kleine, zwölf PS starke Motorpflug von Körting, Hannover. Bei diesem Einachs-Tragpflug mit hinterem Stützrad konnte der Motorpflugführer entweder hinter der Maschine hergehen oder auf einem kleinen hinteren Sitz Platz nehmen, um bei Bedarf – auch während des Pflügens – abspringen zu können. Eine neue und verbesserte Konstruktion eines Tragpfluges zeigte die Maschinenfabrik

Links: Die Hansa-Lloyd AG, Bremen, war bekannter Hersteller von großen Lastautomobilen. Der 18 PS starke Motorpflug wurde erstmals im Kriegsjahr 1916 vorgeführt. (29)

Der 4 t schwere Vogler-Motortragpflug mit 4-Zylinder – 40/45-PS-Vomag-Motor gehörte zu den klassischen Vertretern seiner Bauart. (29)

Schubkarrensteuerung besaß der zwölf PS starke Motorpflug der Gebr. Körting, Hannover. (29)

Augsburg – Nürnberg (MAN) mit ihrem 25 PS starken Modell. Im Gegensatz zu den anderen Tragpflugsystemen erfolgte das Steuern dieser Maschine nicht mit dem hinteren Stützrad, sondern von den beiden auf einem Drehschemel gelagerten vorderen Antriebsrädern. Ein weiteres interessantes Konstruktionsmerkmal war die unsymmetrische Bauart des Differentialgetriebes, bei dem das rechte Vorderrad stärker angetrieben wurde. Beide Konstruktionen hatten zur Folge, daß der MAN-Tragpflug »eine saubere und gerade Furche auf dem Acker zog«. Auf dieser Ausstellung zeigte auch erstmals das Preußische Hüttenamt Malapane in Oberschlesien den Stumpf-Kraftpflug. Bei diesem Tragpflug, der von Ing. Stumpf entwickelt

worden war, konnten die einzelnen Schare mittels doppelt wirkender Druckluftzylinder in den Boden gedrückt oder herausgezogen werden. Stumpf konstruierte fünf Jahre später für Linke-Hofmann-Busch (LHB), Breslau, den berühmten »Rübezahl«-Raupenschlepper. Weitere Motortragpflüge waren von Akra, Lenaria, Alfa und Flader zu sehen.

Eine Mischung aus Tragpflug und Schlepper war der Freund-Motorpflug. Hier ein Auszug aus einer zeitgenössischen Beschreibung:

> »Beim Freund-Motorpflug sind der Antriebsmotor und der Pflugapparat in ein Gestell eingebaut. Das Gestell des Pfluges wird von Rädern getragen, von den zwei vorderen Lenkrädern und dem hinteren großen und breiten (200×32 cm) Treibrad. Das komplizierte, teure und schwere Differential fällt dadurch fort. Die beiden Lenkräder sind durch Hoch- bzw. Niederschrauben mittels kräftig gebauter und leicht zu bedienender Handräder mit Spindel in der Höhenlage gegeneinander zu verstellen, um so die gewünschte Furchentiefe einzustellen.«

Ähnlich aufgebaut wie der Freund-Motortragpflug waren auch die »Eintriebrad-Schlepper« von Kosto, Benz-Sendling und der Daimler-Motorengesellschaft. Allen gemeinsam war das fehlende Differentialgetriebe und das große hintere Triebrad. Um das häufige Umkippen dieser Maschinen zu vermeiden, wurden seitliche Stützräder angebracht; welch ein Fortschritt!

Von den vierrädrigen Schleppern, die auf der DLG-Ausstellung erstmals zu sehen waren, ragte eine Konstruktion besonders heraus: die Pöhl-Universal-Ackerbaumaschine. Dieser moderne Schlepper war eine Rahmenkonstruktion, hatte verstellbare Hinterräder und eine vordere, gefederte Pendelachse. Der 4-Zylinder-Motor leistete bei 800 U/min 30 PS und konnte mit Benzin, Benzol oder Spiritus betrieben werden. Das Getriebe hatte drei Gänge. Die übertragung des Antriebs auf die Hinterräder erfolgte beidseitig durch Ketten. Riemenscheibe und Luftfilter waren bei diesem fortschrittlichen Schlepper selbstverständlich.

Auf dem Ausstellungsstand der Hanomag/Deutsche Kraftpflug GmbH war neben dem 80-PS-WD-Großpflug und dem 35-PS-WD-Kleinpflug erstmals auch ein Kettenschlepper zu sehen. In Hannover hatte man sich den kriegsentscheidenden Panzer zum Vorbild genommen und einen geländegängigen und zugkräftigen Raupenschlepper für die Landwirtschaft entwickelt. Dieser erste WD-Kettenschlepper war mit einem 20 PS, später 25 PS starken 4-Zylinder-Motor ausgerüstet. Als Brenn-

Der M.A.N.-Motorpflug mit 25/30-PS-Benzinmotor beim Pflügen und als Antriebsmotor für eine Winde, 1921. (17)

stoff dienten Benzin, Petroleum und andere Gemische. Der Motor war mit Umlaufkühlung, Bosch-Magnetzündung, Zenith-Vergaser und Luftfilter ausgerüstet. Gelenkt wurde das Fahrzeug durch Abbremsen der Ketten mittels Hebel vom Führersitz aus. So konnte dieser Kettenschlepper bei voller Fahrt auf der Stelle wenden. Weitere Kettenschlepper zeigten Podeus, Orion und Büssing auf der Ausstellung.
Die Heinrich Lanz AG, Mannheim, zeigte neben dem Landbaumotor mit Fräse auch den »Feldmotor«, einen fast 4 t schweren Schlepper mit 38 PS Motorleistung. Außerdem wurde auf dem großen Stand der Heinrich Lanz AG neben den beiden Schleppern und mehreren Lokomobilen auch ein selbstfahrender Schweröl-Glühkopfmotor als Antriebsquelle für verschiedene landwirtschaftliche Geräte vorgeführt. Diese Maschine war mit einem liegenden 1-Zylinder-Zweitakt-Glühkopf-Motor ausgestattet, bei dem die Zündung des eingespritzten Kraftstoffes in einer ungekühlten Kammer erfolgte. Die eigentümliche Form des Zylinderkopfes gab diesem Motor bald den Namen »Bulldog«. Erfinder und Konstrukteur des Bulldogs war Dr. Ing. Fritz Huber (1881–1942), der 1916 in die Firma Lanz eintrat. Dieser erste Bulldog, dessen Schwungrad als Riemenscheibe diente, war in Blockkonstruktion mit dem Übersetzungsgetriebe und der Triebachse zusammengebaut. Es gab nur eine Geschwindigkeit. Von Vorwärts- und Rückwärtsfahrt mußte die Drehrichtung des Motors umgesteuert werden. Der Bulldog konnte als stationäre Antriebsquelle, als ortsbewegliche Maschine oder auch als Selbstfahrer geliefert werden. Mit der Weiterentwicklung des Bulldogs begann langsam der Siegeszug der deutschen Landmaschinenindustrie.

Oben: Moderner Tragpflug – moderne Werbung. (29)

Unten: Aus Österreich kam der »Alfa«-Motortragpflug. (29)

Unten: Der Freund-Motorpflug in der ersten Ausführung von 1919. (29)

Die nächste Doppelseite zeigt links den 45 PS starken Daimler-Eintriebrad-Schlepper mit dreischarigem Anhängepflug und rechts denselben Typ beim Pflügen auf dem Felde. (4)

Oben: Der 55 PS starke Büssing-»Raupentrekker« beim Holztransport. (24)

Oben: Die 25-PS-WD-Raupe wendet auf der Stelle. (3)

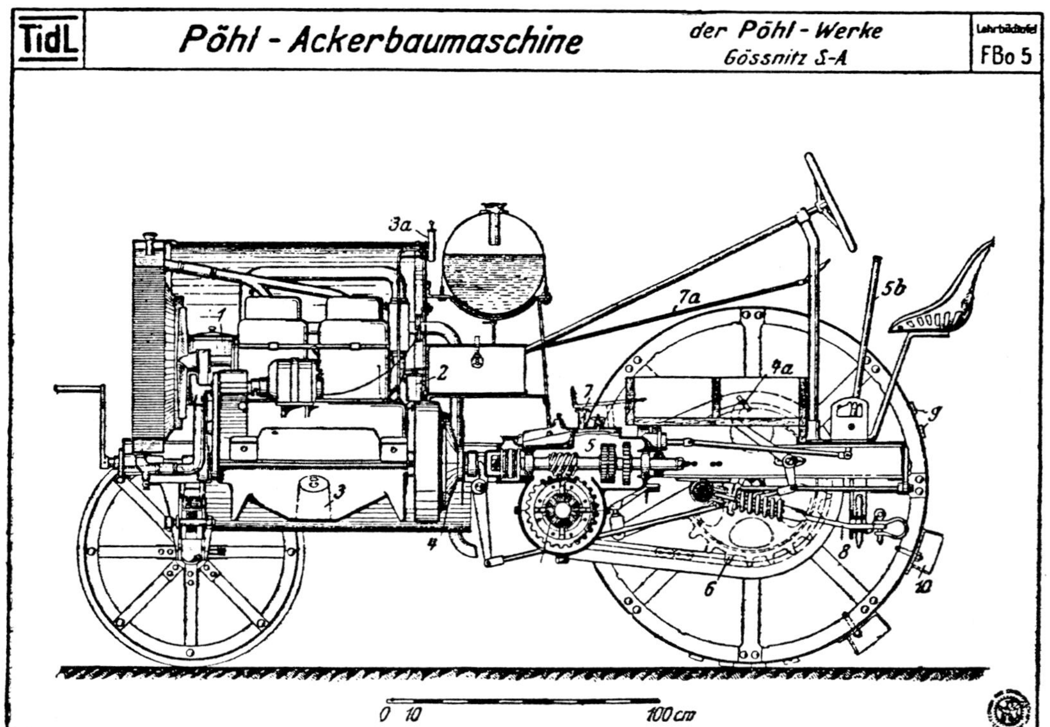

Unten links: Schnittzeichnung der Pöhl-Universal-Ackerbaumaschine. (45)

1. Luftwaschapparat
2. Brennstoffilter
3. Öleinfüllstutzen
3a. Ölkontrollapparat
4. Motorkupplung.
4a. Kupplungspedal
5. Wechselgetriebe
5a. Ausgleichgetriebe
5b. Getriebeschalthebel
6. Rollenkettentrieb
7. Hinterachsverstellung
7a. Gasreguliergestänge
8. Zugvorrichtung
9. Schrägleisten
10. Aufsteckreifer

Oben: Die Pöhl-Universal-Ackerbaumaschine. (25)

Oben: Der 12-PS-Lanz-Bulldog Typ HL, der erste Rohölschlepper der Welt. (5)

Links: Drei 50-PS-WD-Raupenschlepper mit Anhängepflug auf dem Acker. (3)

Die Motorpflugindustrie Anfang der 20er Jahre

Oben: Dieses historische Foto zeigt einen der ersten Lanz-Bulldog-Rohölmotoren bei einer Vorführung am Stand der Heinrich Lanz AG während der DLG-Ausstellung in Leipzig im Sommer 1921. (5)

Links: Als eine der ersten Motorpflug-Firmen bildeten die Hansa-Lloyd-Werke, Bremen, in einer eigens eingerichteten Schule Motorpflug-Führer aus. (29)

Die deutsche Industrie fürchtete sehr den Import von preiswerten ausländischen Maschinen, weil sie durch Krieg und Reparationsleistungen stark angeschlagen und damit nicht konkurrenzfähig war. Vor allem drängte die übermächtige amerikanische Schlepperindustrie mit ihren billigen Traktoren auf den deutschen und europäischen Markt. So sollte der Ford-Traktor im Jahre 1919 für unter 1000 Mark verkauft werden, zu einer Zeit, in der einheimische Konstruktionen ein Mehrfaches kosteten. Doch konnten die Politiker wegen der schlechten Zahlungsbilanz des deutschen Reiches die Einfuhr von Schleppern nicht zulassen. Vielmehr mußten die Äcker auch weiterhin mit Ochsen- und Pferdegespannen bearbeitet werden. Dampf- und Motorseilpflüge und die wenigen Schlepper zogen noch jahrelang Pflugfurchen auf den großen Feldern der Güter. So mancher fortschrittliche Landwirt hätte gerne eine preiswerte ausländische Maschine angeschafft, um eine wirtschaftlichere Bearbeitung des Bodens zu ermöglichen und damit einen Beitrag zur Behebung der schlechten Ernährungslage der Bevölkerung zu leisten.

In Nordamerika und Kanada wurden fast 150 verschiedene Schlepper mit Verbrennungsmotoren für die Farmer angeboten. Die Motorleistung der Rad- und Raupenschlepper reichte von 5 bis 95 PS. Die in Amerika schon vor über zehn Jahren angestrebte »horseless farm« war dort teilweise bereits verwirklicht.

Führende deutsche Landtechniker, wie z. B. Prof. Dr. Martiny, Halle, sahen in der Konstruktion des Ford-Traktors eine gute und vorbildliche Grundlage eines Universal-Schleppers, wenn dieser durch konstruktive Änderungen auf deutsche Verhältnisse zugeschnitten würde. Dieser Traktor war eine Herausforderung für die gesamte deutsche Motorpflugindustrie, einen robusten, allseits einsetzbaren und preiswerten Schlepper zu bauen. Bei der deutschen Motorpflugindustrie war der Absatz schon lange ins Stocken geraten. Viele Maschinen standen auf Halde und konnten nicht abgesetzt werden. Bei fast allen Gutsbesitzern hatte sich der anfängliche »Maschinenfimmel« bald wieder gelegt, nachdem viele dieser Maschinen nicht den erhofften Erfolg gebracht hatten.

Landwirte, die zwölf Zugochsen abschafften und dafür einen Motorpflug nahmen, glaubten, die Arbeitsspitzen mit dieser Maschine spielend bewältigen zu können, »denn ein Motorpflug schafft ja mindestens so viel wie 24 Ochsen, leidet nicht unter der Hitze, bekommt keine Klauenseuche und kann unbedenklich Überstunden machen«. Doch diese Rechnung stimmte nur auf dem Papier. Laut einer Umfrage unter Motorpflugbesitzern waren über 50% mit ihren Maschinen nicht zufrieden. Oft hörte man folgende Klage: »Der Motorpflug, der stinkt und raucht, ist stets kaputt, wenn man ihn braucht.« Doch die Mängel waren nicht nur auf das Fehlen von Rohstoffen, die nicht ausreichende Qualität sowie die nicht praxisgerechten Konstruktionen, sondern auch auf die unsachgemäße Bedienung durch das Personal zurückzuführen. Diesen Mangel versuchten einige der großen Motorpflug-Firmen durch eigens eingerichtete Motorpflugführer-Schulen zu beheben. 1928 wurde dann auf Empfehlung des »Reichskuratorium Technik in der Landwirtschaft« (RKTL) die Deutsche Landkraftfahrschule (Deulakraft) gegründet, die mit Lehr-Karawanen die Schlepperführer unterrichtete. Daraus entwickelten sich die heutigen Deula-Schulen. Doch gerade die ersten zehn schweren Jahre nach dem Ersten Weltkrieg ebneten den Weg zu einer fruchtbaren Zusammenarbeit zwischen Landwirten, Landtechnikern und der Landmaschinen-Industrie. In den größeren Betrieben arbeitete ein Stamm guter Techniker und Praktiker an der Lösung der vielfältigen Probleme. Mancher Motorpflug hatte anfangs mehr Mängel »als ein Hund Flöhe«. Erst 1924 brachte die Hanomag einen Radschlepper ähnlich der Bauart von Ford heraus, der dann durch Fließbandfertigung preiswert angeboten werden konnte. Auch die Lanz AG bot dem amerikanischen Traktor mit ihrem robusten Bulldog paroli. Doch in den Jahren von 1921 bis 1924 brachte die deutsche Motorpflug-Industrie noch manche interessante Konstruktion heraus. Dazu gehörte der Gelenkpflug »Cerva« der Wesselmann-Bohrer Kompagnie, Gera-Zwötzen, ein 32/35 PS starker Dreirad-Schlepper mit gelenkig angebautem Dreischar-Pflug. Das Heben des Pfluges erfolgte mittels Motorkraft. Die Tiefe der Pflugkörper konnte während der Fahrt vom Führersitz aus verstellt werden. Die Einzelradbremse gab diesem 3500 kg schweren Schlepper eine beachtliche Wendigkeit.

Aus Hannover kam der Hawa-»Kraftfeldzeug«-Schlepper, der wegen seiner rahmenlosen Bauart bemerkenswert war.

Stock brachte unter der Bezeichnung »Wende-Stock« einen kleinen, 25 PS starken Tragpflug mit Vorderradsteuerung heraus, der mit einem dreischarigen Drehpflug ausgerüstet werden konnte.

Den Anhängern der Fräskultur boten Lanz mit dem 80-PS-Landbaumotor und die Fey-Werke in Kassel sowie die Siemens-Schuckert-Werke verschiedene Motorfräsen für die pfluglose Bodenbearbeitung an. Die Fräsen der Siemens-Schuckert-Werke, die in vier verschiedenen Leistungsklassen von 2 bis 30 PS gebaut wurden, arbeiteten nach den Patenten des Schweizers K. v. Meyenburg.

Aus den Erfahrungen mit der unzureichenden Zugkraft hinterradangetriebener Schlepper brachte Lanz 1923 nach nur ei-

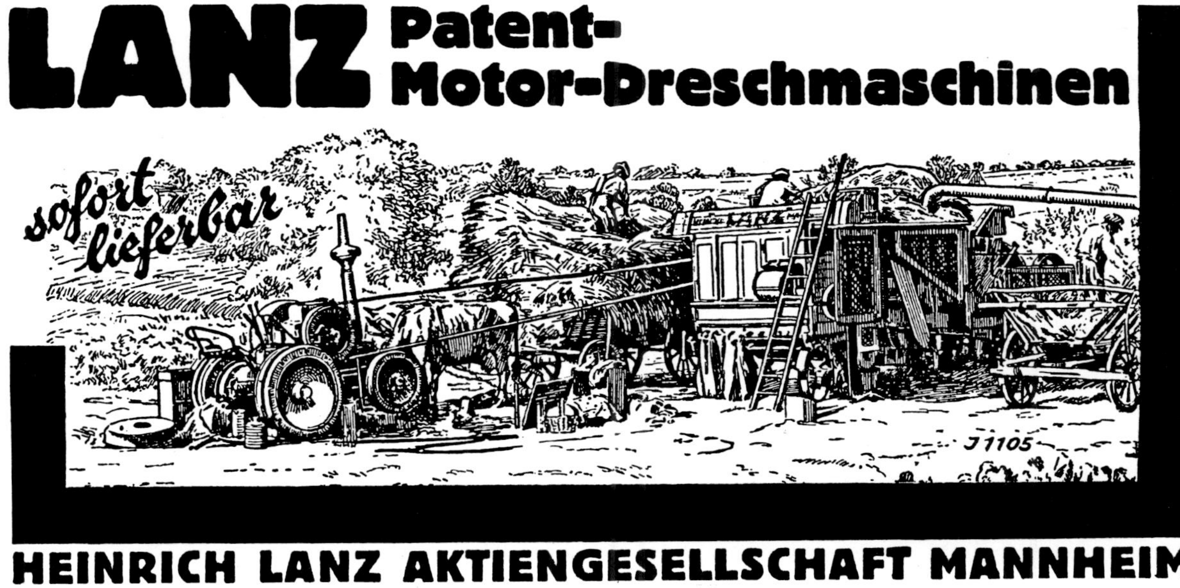

Oben: Der Bulldog als Antriebsquelle für eine Lanz-Dreschmaschine. (29)

Unten: Anzeige 1924. (29)

nem Jahr Entwicklungsarbeit einen 12 PS, später 15 PS starken Ackerbulldog mit Glühkopfmotor, Allradantrieb und Knicklenkung heraus. Zwei Drittel des Gesamtgewichtes trugen die großen Vorderräder, ein Drittel die kleineren Hinterräder. Damit war das Gewicht bei starkem Zug durch Aufbäumen auf beide Achsen gleichmäßig verteilt. Von diesem technisch sehr interessanten Schlepper, dessen Konstruktion seiner Zeit weit voraus war, wurden 723 Exemplare gebaut. Bei der Maschinenprüfung der DLG über die Jahre 1923 und 1924 kamen die Prüfer zu folgendem Schlußurteil: »Der Ackerbulldog ist die erste vollkommene, steuerungsfähige und wirtschaftlich arbeitende Zugmaschine von zwölf PS Motorleistung. Er eignet sich als Motorpflug, Dreschmotor und als Zugmaschine. Der neue elastische Schwerölmotor verbindet geringe Brennstoffkosten mit großer Betriebssicherheit und Haltbarkeit.«
Im Jahre 1923 baute Lanz einen Schlepper mit einem 2-Zylinder-Glühkopfmotor mit 38 PS Leistung, den »Felddank«.
Auf der DLG-Ausstellung in Hamburg zeigte die Firma Wolf, Magdeburg, den »Werwolf«, eine 15 PS starke und 2200 kg schwere, selbstfahrende Motor-Lokomobile mit einem 1-Zylinder-Glühkopfmotor. So fand der Bulldog von Lanz seinen ersten Nachahmer im eigenen Land.
Nachbauten gab es später in Italien, Australien, Frankreich, Polen, Ungarn, England und in anderen Ländern.
Viele gemeinsame Konstruktionsmerkmale hatten die Traktoren von Neumeyer, Bachmann und der Traktor »Herkules« der Nahag AG, Berlin. Diese robusten Maschinen wurden von mehrzylindrigen Vergaser-Motoren mit 40–45 PS Motorleistung angetrieben und waren mit einem Drei- bzw. Viergang-Getriebe ausgerüstet.
»Ein deutsches Meisterstück in der Schaffung eines stets einsatzfähigen und wirtschaftlichen eisernen Zugochsen« – so versprach es zumindest die Werbung – sollte der Daag-Toro-Motorpflug sein. Dieses vierrädrige Motorfahrzeug wurde in Braunschweig gebaut und besaß einen seitlich zwischen dem rechten Vorderrad und dem linken Hinterrad angebrachten Kipp-Pflug. Der Schlepper konnte sowohl bei Vorwärts- als auch bei Rückwärtsfahrt arbeiten und hatte deshalb zwei Lenkräder und zwei Sitze.
Eine weitere kuriose Konstruktion, welche Anfang der 20er Jahre in Berlin gebaut wurde, war der Borsig-Vorspann-Schlepper mit Zügellenkung, der wie ein Tiergespann gesteuert wurde. Doch auch dieser Maschine war kein großer Verkaufserfolg beschieden, obwohl Borsig als größte Lokomotiven-Fabrik der Welt dahinter stand. Ebenfalls Zügellenkung besaß der 20-PS-MAN-Gespannschlepper, der von 1923 bis 1924 in wenigen Exemplaren in Nürnberg gebaut wurde. Ein Schlepper mit Zügellenkung tauchte nochmals 1949 auf dem deutschen Markt auf.

Der »Cerva«-Motorpflug besaß drei einzeln aufgehängte Pflugschare. (29)

Der Wendestock (29)

Oben: Die erste Ausführung des 12-PS-Ackerbulldogs von Lanz, 1923. (5)

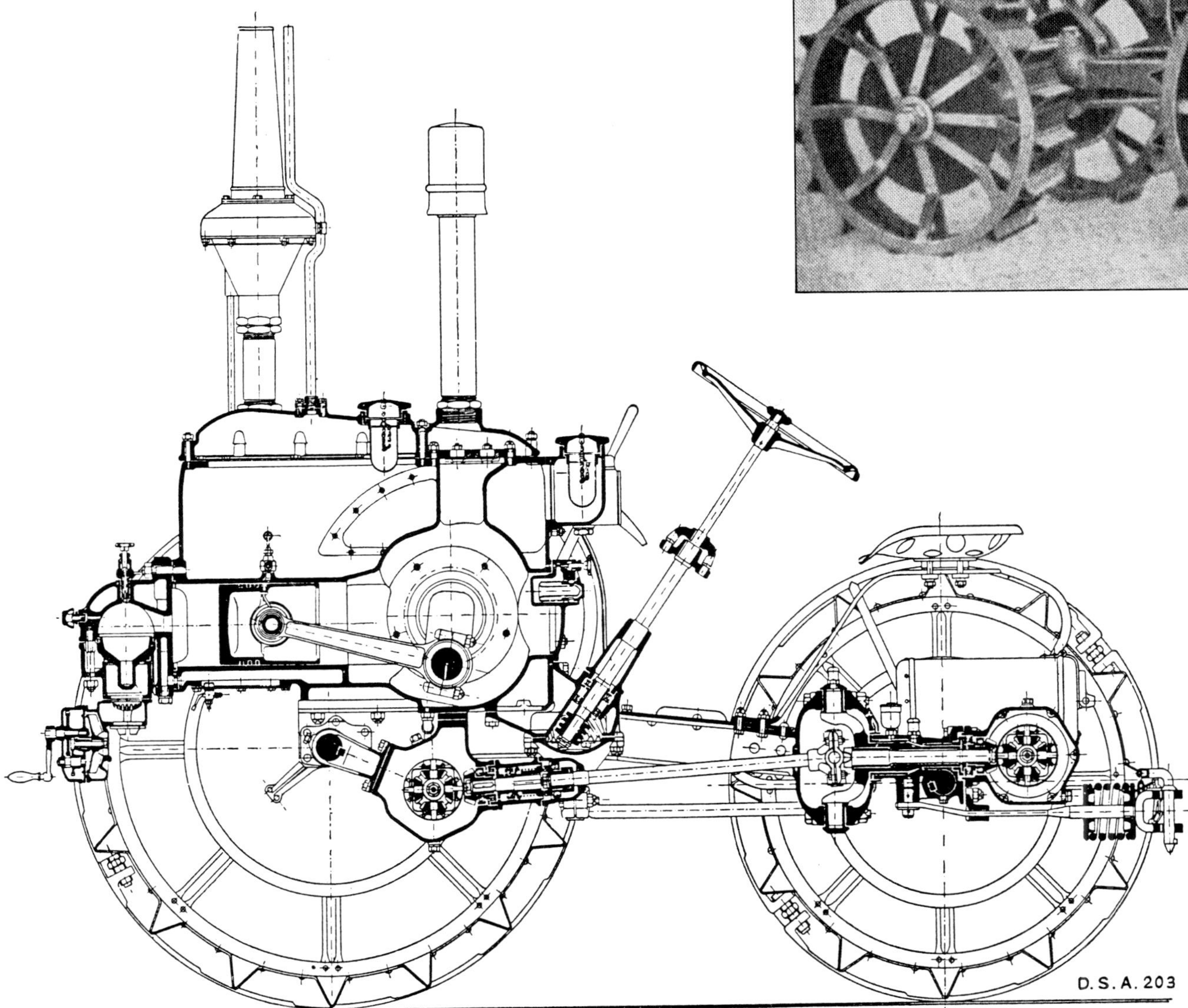

Links: Die Schnittzeichnung zeigt den modernen Aufbau des Ackerbulldogs mit Allradantrieb, zwei Differentialen und dem ventillosen Glühkopfmotor. (5)

Das Foto aus dem Jahre 1925 zeigt den 38 PS starken Acker-Felddank von Lanz als Antriebsmaschine für einen Dreschkasten. (5)

Links: Die Schweröl-Motorlokomobile »Werwolf« von R. Wolf, Magdeburg, beim Dreschen. (29)

Unten: Anzeige 1926 (29)

Links: Der Neumeyer-Traktor vor den Bayerischen Alpen. (29)

Der Dieselschlepper kommt

Eine grundlegende Wende im deutschen Schlepperbau gab es mit dem Einbau eines kompressorlosen Dieselmotors in einen Schlepper. Schon lange vor der Geburtsstunde des ersten Dieselschleppers wurden stationäre Motoren für Schwerölbetrieb als Helfer in der Landwirtschaft eingesetzt. Wegen des hohen Gewichtes fanden sie aber keine Anwendung als Fahrzeugmotoren.

Lanz zeigte mit der Huberschen Konstruktion 1921 erstmals einen selbstfahrenden Schwerölmotor, den Bulldog. Ein Jahr später, 1922, wurde ein Dieselmotor in einen Ackerschlepper, den Eintriebrad-Motorpflug von Benz-Sendling, eingebaut, der 1923 auf der DLG-Ausstellung in Königsberg vorgeführt wurde. Benz-Sendling brachte noch eine Konstruktion mit vier Rädern heraus. Der Dreirad-, wie auch der Vierradschlepper, hatten den gleichen Dieselmotor mit den folgenden technischen Daten:

2-Zylinder-Viertakt-Vorkammer-Dieselmotor
Bohrung 135 mm, Hub 200 mm
27 PS bei 775 U/min
Drehzahlverstellregler
Anlassen von Hand mit verminderter Kompression
amtlich gemessener Kraftstoffverbrauch: 212 g/PSh.
Hersteller: Benz & Cie, Mannheim

Im gleichen Jahr wurde ein 18-PS-2-Zylinder-Dieselmotor mit 800 U/min in das »Motorpferd«, den ersten Diesel-Straßenschlepper der Motorenwerke Mannheim, eingebaut. Dieselmotoren der gleichen Bauart wurden als 4-Zylinder-Motoren auch in die Benz-Lastkraftwagen eingebaut.

Einen Schwerölschlepper, dessen Motor mit Benzol anlief und dann selbsttätig auf Schweröl umschaltete, brachte 1925 die Maschinenfabrik Kemna, Breslau, in Verbindung mit der Motorenfabrik Deutz, Köln, heraus. In dem 3850 kg schweren Schlepper war ein 4-Zylinder-Viertakt-Motor mit 38 PS bei Benzol- und 33 PS Leistung bei Schwerölbetrieb eingebaut. Doch nicht die Dieselmotoren beherrschten das Bild der Ackerschlepper, sondern die Vergaser-Motoren.

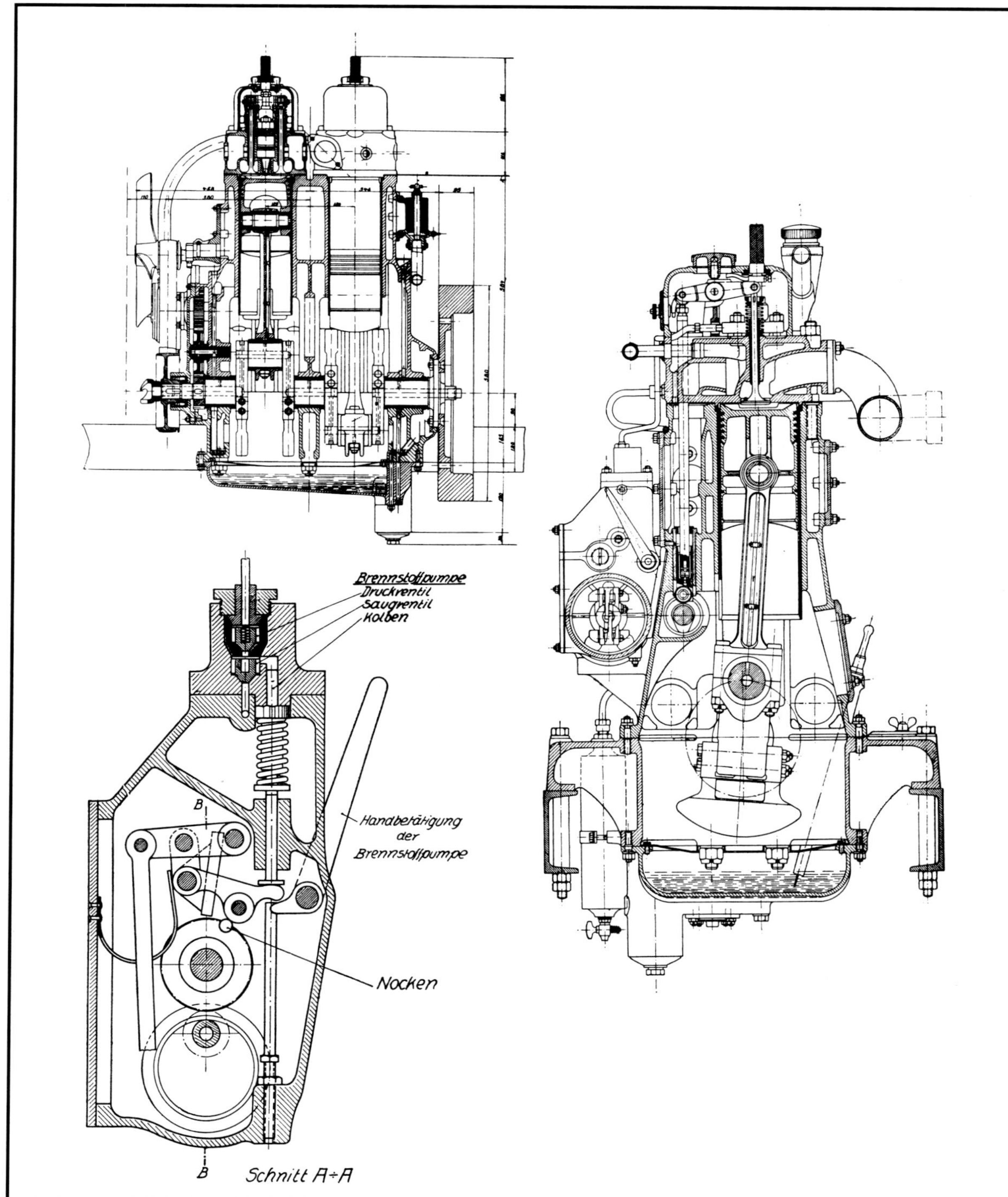

Längsschnitt, Querschnitt und Kraftstoffpumpe des ersten Benz-Fahrzeug-Dieselmotors. Bei einem Hubraum von 5730 ccm leistete dieser2-Zylindermotor 27 PS. (25)

Der erste Dieselschlepper war der Benz-Sendling Eintriebrad-Motorpflug von 1922. (4)

Der Benz-Dieselstraßenschlepper mit 2-Zylinder-Dieselmotor, Baujahr 1924. (4)

Elf MWM-Straßenzugmaschinen, Typ Motorpferd, auf dem Hof der Städtischen Marstallverwaltung in Breslau. Als Antriebsmaschine diente ein wassergekühlter 2-Zylinder-MWM-Dieselmotor, Typ RH 187. (18)

Der Ford-Traktor auf Deutschlands Äckern

Oben: Vergaser- und Zündspulenseite des Fordson Traktors. (33)

im Jahre 1923 fand vom Reichsausschuß für Technik in der Landwirtschaft (RKTL) eine Vergleichsprüfung zwischen einem Ford-Traktor und der Pöhl-Ackerbaumaschine statt. Nach rund 70 Tagen schwerer Pflugarbeit kam der Leiter des Tests, Prof. G. Fischer, zu dem Ergebnis, »daß beide Schlepper nahezu die gleiche Stundenleistung im Pflügen und gleiche Betriebskosten aufweisen, obwohl der Pöhl-Schlepper 7000,– Goldmark, der Ford-Traktor dagegen etwa 1900,– Goldmark ab Herstellungswerk kostete«. Im Frühjahr 1924 wurde dann auf Drängen vieler kostenorientierter Landwirte und auf Grund der Ergebnisse der Vergleichsprüfung die Einfuhr von 500 Ford-Traktoren genehmigt, nachdem schon ein Jahr zuvor durch Umgehung der Einfuhrbeschränkung der Reichsregierung ca. 200 Traktoren nach Deutschland gekommen waren. Die ersten Traktoren waren schon kurz nach der Anlieferung ausverkauft. Weitere 500 Traktoren folgten noch im gleichen Jahr. Der Generalvertrieb der Ford-Traktoren für Deutschland lag in den Händen der AMOBO, einer Tochtergesellschaft der Pöhl-Werke. Die Einfuhr der amerikanischen Maschine löste heftige Kritik aus, besonders in den Reihen der deutschen Landmaschinenindustrie, die befürchtete, daß die deutsche Motorpflugindustrie dem Ansturm des übermächtigen Konkurrenten erliegen und von ihm überrannt werden würde.

Bei einem weiteren, schnell durchgeführten Test zwischen Stock und Ford kam man zu dem Ergebnis: »Stock billiger als Ford«. Bei den deutschen Landwirten dauerte das Für und Wider um den Ford-Traktor noch lange an, ja sogar bis in die heutige Zeit hinein. Doch bekam die deutsche Industrie mit der Einfuhr des Ford-Traktors auch viele neue und entscheidende Impulse. So erkannte sie die wirtschaftliche Bedeutung der Fließbandfertigung. Als eine der ersten Motorpflug-Firmen begann Hanomag mit der Großserienfertigung am Fließband, nachdem sie das Fertigungsprogramm vom 25-PS- und 50-PS-WD-Kettenschlepper um einen 26-PS-Radschlepper erweitert hatte. Ab 1924 baute die Hanomag den WD-Radschlepper, der einen 4-Zylinder-Vergaser-Motor mit einer Höchstdrehzahl von 1125 U/min aufwies. Reihenmotor, Dreigang-Getriebe und Hinterachse bildeten in Blockbauweise eine Einheit. Das Gewicht betrug nur 2,2 t.

Zur Förderung des Maschineneinsatzes in der deutschen Landwirtschaft wurde 1924 unter der Führung des Reichsernährungsministeriums die »Finanzierungsgesellschaft für Landmaschinen AG (FIGELAG)« gegründet. Sie hatte die Aufgabe, den Landwirten die Anschaffung von Landmaschinen und Schleppern durch zinsverbilligte Kredite zu erleichtern. Der erste, 1925 bereitgestellte Kredit wurde über insgesamt 2250 Maschinen gewährt. Die FIGELAG wählte sieben deutsche Schlepper von sechs verschiedenen Herstellern aus, wobei die Deutsche Kraftpflug-Gesellschaft mit 750 WD-Radschleppern und 100 WD-Raupenschleppern am stärksten beteiligt war. Zum Kreis der ausgewählten Maschinen gehörten u. a. auch die Pöhl-Ackerbaumaschine, der Wende-Stock und der Tragpflug von Flader. Alle Maschinen waren in der unteren Leistungsklasse von 25 bis 30 PS angesiedelt, damit auch den kleineren und mittleren Betrieben die Möglichkeit zum Schleppereinsatz gegeben werden konnte.

Die Deutsche Kraftpflug-Gesellschaft m. b. H. bot im Frühjahr 1925 den 28-PS-Hanomag-WD-Radschlepper zum Preis von 4800 Mark an. Für die Kunden der FIGELAG gab es neben den erleichterten Zahlungsbedingungen noch einen Rabatt von 300 Mark.

Rechts: Anzeige 1928 (30)

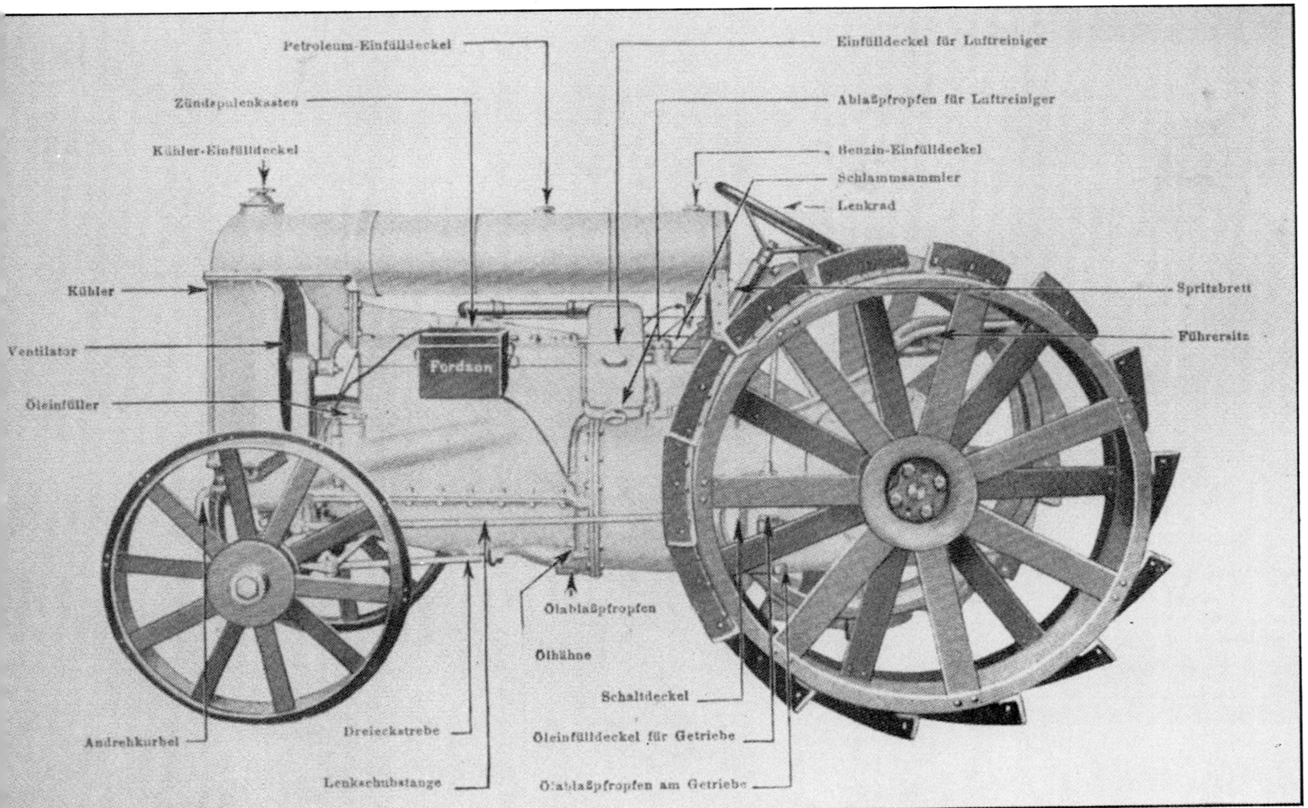

Oben: Anzeige 1927 (29)

STOCK
billiger als
FORD

Am 1. Oktober veranstaltete im Beisein prominenter Landwirte Herr Major von Kobylinsky auf seiner Besitzung Korbsdorf i. Ostpr. ein Vergleichspflügen zwischen einem Fordson-Trekker und zwei Stockpflügen: dem Stoklei mit verstärktem Motor und dem Wendestock. Als Pflugfeld wurde ein ebener Schlag von 1050 m Länge, mit leichtem, sandigem Boden gewählt, der nur einige schwere Stellen aufwies, die nach den vorausgegangenen Regengüssen noch sehr naß waren. Die drei Pflüge arbeiteten auf dem gleichen Schlag in der Weise, daß der Stoklei, der Fordson und der Wendestock hintereinander, jeder in der Vorfurche des vorgehenden Pfluges, liefen. Die Pflüge wurden auf eine Tiefe von 9″ eingestellt, bei der bereits der Untergrund, ein steriler, weißer Schwemmsand, angegriffen wurde. Die Stockpflüge konnten diese Arbeit noch im schnellen Gang leisten, der Wendestock z. T. mit 8″, während der Fordson an den schweren Stellen längere Zeit den langsamen Gang einschalten mußte und, um diese unvorteilhafte Arbeitsweise möglichst zu verkürzen, allgemein auf 8″ Tiefe überging. Die Arbeit der drei Pflüge war tadellos. Auch der Anschluß war einwandfrei; ein Unterschied war nur insofern zu erkennen, als die vom Fordson gepflügten Streifen infolge flacherer Arbeit etwas tiefer lagen als die Stockarbeit. In mehrstündigem Pflügen, das ohne Zwischenfall verlief, wurden folgende Leistungen ermittelt:

Stoklei		2,52 Morgen/Std. bei 9″ Tiefe
Wendestock	1,69 Morgen/Std. bei $8^1/_2$″	= 1,59 Morgen/Std. bei 9″ Tiefe
Fordson . .	1,18 „ „ „ 8″	= 1,06 Morgen/Std. bei 9″ Tiefe

Bezieht man die Preise der drei Maschinen auf eine Leistung von 1 Morgen/Stunde, so ergibt sich folgender

Preisvergleich:

Stoklei	$9\,000 \text{ M} \times \frac{1}{2{,}52} = 3\,580 \text{ M}$
Wendestock	$5\,450 \text{ M} \times \frac{1}{1{,}59} = 3\,430 \text{ M}$
Fordson mit Pfluggerät	$4\,200 \text{ M} \times \frac{1}{1{,}06} = 3\,960 \text{ M}$

Stock ist billiger als Ford!
Stock ist eine deutsche Qualitätsmaschine,
die unzählige Male praktisch bewiesen hat, daß sie ihrem Besitzer auch noch nach 10 Jahren dient, und kein amerikanisches Massenprodukt von zweifelhafter Lebensdauer.

Stock verbraucht ca. 30% weniger Brennstoff pro PS. als Fordson!
(vergl. die Untersuchungen von Geheimrat Fischer und Prof. Martiny)
Stock leistet mit einem Bedienungsmann die 2½ fache Pflugarbeit!

STOCK MOTORPFLUG A.-G. Berlin SO 16

Oben: Eine Kampfanzeige der deutschen Motorpflugindustrie gegen den Ford-Traktor, 1924. (29)

Links: Der 25 PS starke WD-Radschlepper – hier in der ersten Ausführung von 1924 – war die Antwort der Hanomag auf den Fordson Traktor. (29)

Oben: Anzeige 1927 (29)

WD-Straßenzugmaschine mit Vollgummibereifung für die Reichspost, mit Sandstreueinrichtung für den Wintereinsatz. (21)

Der Hanomag-WD mit Steinbrecher. (9)

Oben: Benz-Sendling-Ackerschlepper, Typ B.K. mit 2-Zylinder-Dieselmotor. (4)

Links: 32 PS Komnick (21)

Das Ende der Krise – DLG-Ausstellung 1928 in Leipzig

Die am Ende der Inflation wieder vermehrt vorhandene Kaufkraft und die damit gleichzeitig einsetzende Kaufbereitschaft der deutschen Bevölkerung wirkte sich in den nachfolgenden Jahren auch positiv auf die Landmaschinenindustrie aus. Mitte des Jahres 1928 waren rund 22000 Ackerschlepper und Motortragpflüge im Einsatz, fast 50 Prozent mehr als in den vorausgegangenen Jahren, wobei der Trend zum universell einsetzbaren Schlepper nicht aufzuhalten war. Mehrere neue und vielversprechende Konstruktionen kamen von der heimischen Motorpflugindustrie auf den Markt. Allen gemeinsam war die größere Zuverlässigkeit durch ausgereiftere Bauweise und bessere Materialbeschaffenheit. Zu den verschiedenen Motorpflugsystemen – Tragpflüge, Fräsen, Rad- und Raupenschlepper – kam eine weitere Gruppe hinzu, die der Verkehrs- oder Straßenschlepper. Von den weitaus vielseitiger einsetzbaren Schleppern wurden die Tragpflüge langsam verdrängt. Bis ca. 1928 konnten sich nur noch die kleineren Maschinen von Stock und Flader sowie die als Schlepper verwendbaren Motorpflüge »Cerva« und »Toro« behaupten. Bodenfräsen boten nur noch die Siemens-Schuckert-Werke und die Heinrich Lanz AG an. Die gebräuchlichsten und nachstehend beschriebenen Schleppertypen waren im Katalog der Deutschen Kraftpflug-Industrie anläßlich der 34. Wanderausstellung der DLG in Leipzig im Jahre 1928 aufgeführt.

Acker- und Straßen-Radschlepper

Benz-Sendling bot neben dem Typ B.K. mit 2-Zylinder-35-PS-Motor auch ein neues Modell, den Typ O.E., an. Dieser robuste Schlepper in Blockbauweise war als Konkurrenz zum Bulldog gedacht. Der Schlepper war mit einem liegenden 1-Zylinder-Viertakt-Dieselmotor (135 mm Bohrung, 240 mm Hub) ausgerüstet, der bei 800 U/min. 24/26 PS leistete. Motorgehäuse und Dreigang-Getriebe bildeten eine Einheit und wurden auch gemeinsam geschmiert.
Hanomag zeigte den Typ R 28 als Acker- und Straßenschlepper.
Die Automobilfabrik Komnick AG, Elbing, die seit dem Ersten Weltkrieg Tragpflüge baute, war mit zwei Radschleppern auf der Ausstellung vertreten, dem »Kleinkraftschlepper«, Typ PS mit 2-Zylinder-32/34-PS-Vergasermotor und dem »Großkraftschlepper«, Typ PT mit 4-Zylinder-52/60-PS-Vergasermotor.

Ursache:

Durchdachte Konstruktion.
Vorbildliche Werkstattarbeit. Bestes Material.
Nutzung praktischer Erfahrungen des Landwirtes.

Wirkung:

Die wirtschaftliche Überlegenheit der Lanz-Schwerölmotoren.

Preis: RM. 5800.–

Der neue 22 PS Groß-Bulldog

Die Summe der Erfahrungen im Zugmaschinenbau.
Der unentbehrliche Helfer des deutschen Landwirtes.

Brennstoffverbrauch beim Schälen ca. 2,5 kg Rohöl pro Morgen.
Brennstoffverbrauch beim Pflügen ca. 5 kg Rohöl pro Morgen.

HEINRICH LANZ MANNHEIM
AKTIENGESELLSCHAFT

Oben: Der neue Lanz-Groß-Bulldog in einer Anzeige von 1926. (30)

Ford oder WD?

Fordson-Traktor.	WD-Radschlepper.
1. Achsantrieb mittels Schneckenradübersetzung (hoher Verschleiß, hoher Kraftverbrauch).	1. Normaler Zahnradantrieb (geringer Verschleiß und Kraftverbrauch).
2. Magnetapparat im Schwungrad eingebaut, Induktorspule und Verteiler getrennt hiervon am Motor, infolgedessen viele Störungsstellen, leichtes Verschmutzen und schlechte Zugänglichkeit der einzelnen Teile.	2. Die Boschzündung faßt die vollständige Zündeinrichtung in einem Apparat zusammen; leichte Auswechselbarkeit, gute Sicherung gegen Verschmutzung.
3. Die Lager der Kurbelwelle haben keine besonderen Schalen, das Weißmetall ist direkt eingegossen. Bei Auslaufen der Lager ist die Zerlegung des Kurbelgehäuses erforderlich.	3. Die mit Weißmetall ausgegossenen Rotgußlagerschalen können wie bei jedem Kraftwagen in kurzer Zeit ausgewechselt und ihre Schäden leicht beseitigt werden.
4. Schmierung der Lagerstellen durch die in Deutschland längst aufgegebene Tauchschmierung.	4. Zuverlässige Umlauf-Druckschmierung mit Ölpumpe.
5. Kühlung durch eine einfache Thermo-Syphonkühlung, die an warmen Tagen nicht immer genügt.	5. Der Kühlwasserumlauf wird durch eine Kreiselpumpe zwangläufig bewirkt.
6. Motor veralteter Konstruktion mit stehenden Ventilen, schlechter Wärmeverteilung im Kompressionsraum und hohem Brennstoffverbrauch.	6. Motor modernster Konstruktion mit hängenden Ventilen, günstigem Kompressionsraum und guter Wärmeverteilung, daher geringer Brennstoffverbrauch.
7. Ungefederte Vorderachse, infolgedessen Übertragung der Stöße bei der Fahrt auf den Motor.	7. Vorderachse abgefedert.
8. Neigung zum Aufbäumen, keine Sicherheit gegen Überschlagen der Maschine.	8. Günstige Gewichtsverteilung bei vergrößertem Radstand, besseres Anzugsmoment, Sicherung gegen Überschlagen.
9. Der über dem Motor angeordnete Brennstoffbehälter erschwert die Zugänglichkeit zu allen Teilen.	9. Der Motor ist von allen Seiten frei zugänglich.
10. Die Anhängegeräte werden hinter der Hinterachse starr gekuppelt, infolgedessen ungünstige Lenkwirkung.	10. Der Angriffspunkt der Zugkraft am Schlepper ist zwischen Hinterachse und Vorderachse verlegt (Mittenzugvorrichtung), dadurch günstige Lenkwirkung.

Rechts: Hanomag-Werbung 1927 (37)

Der Deutz-Dieselschlepper, Typ MTH 222. (12)

Anzeige 1931 (30)

Beide Typen gab es auch als Straßenschlepper mit Vollgummibereifung.
Lanz zeigte die gesamte Palette seiner Schlepper, den »Felddienst«, Typ FMD 38 mit 4-Zylinder-Vergasermotor, den »Ackerbulldog«, Typ HP und, als neueste Konstruktion, den ab 1926 gebauten »Großbulldog«, Typ HR 2. Der Großbulldog besaß Hinterradantrieb. Das Schaltgetriebe hatte vier Vorwärtsgänge, die durch Umsteuerung des Motors auch rückwärts gefahren werden konnten. Der liegende 1-Zylinder-Glühkopf-Motor mit Verdampfungskühlung hatte 225 mm Bohrung und 260 mm Hub, leistete bei 500 U/min 22 PS bis 30 PS (kurzzeitig). Außer dem Ackerbulldog wurden alle Schlepper von Lanz mit geringen Änderungen auch als Straßenzugmaschinen gebaut.
Pöhl bot seine beiden Universal-Ackerbaumaschinen wahlweise mit Vergaser- oder Dieselmotor an. Diese Motoren konnten sowohl in die Acker- als auch in die Verkehrsschlepper eingebaut werden.

Pöhl-Schlepper

Typ	Motor	Zyl.	Bohr. x Hub	Drehzahl	PS	Gänge
PV	Vergaser	4	80 x 140 mm	900 U/min	25	3 + 1
VDM	Diesel	4	95 x 160 mm	900 U/min	28	3 + 1
DVI	Vergaser	4	110 x 160 mm	900 U/min	32	3 + 1
VDMA	Diesel	4	100 x 170 mm	1000 U/min	36	3 + 1

Ab 1926 baute Deutz eine Zugmaschine mit einem liegenden 1-Zylinder-14-PS-Deutz-Dieselmotor, den Typ MTH 222, bei dem die Motorkraft über eine Rollenkette auf das Getriebe übertragen wurde. Ein Jahr später folgte der Typ MTZ 220, ein Schlepper in Rahmenbauweise, dem als Antriebsquelle ein liegender 2-Zylinder-Deutz-Dieselmotor mit 27/30 PS Leistung bei 850 U/min diente. Die Weiterentwicklung führte dann zu dem Typ MTZ 320 mit einem liegenden 2-Zylinder-Deutz-Dieselmotor mit 36 PS Leistung, der bis 1936 gebaut wurde.
Ein reiner Verkehrsschlepper war das »Motorpferd« von MWM, in den ein 16/18-PS-Dieselmotor eingebaut war.

Kettenschlepper

Neben dem WD-Radschlepper in Acker- und Straßenausführung zeigte die Hanomag auf der DLG-Ausstellung auch die beiden Kettenschlepper Z 25 und Z 50. Beide Maschinen hatten sich seit Jahren überall bewährt.

Technische Daten der WD-Kettenschlepper

Typ	Leistg.	Motor	Zyl.	Bohr. x Hub	Drehz.	Gänge	Gewicht
Z 25	29 PS	Verg.	4	95 x 150 mm	950 U/min	3 + 1	3300 kg
Z 50	53 PS	Verg.	4	135 x 155 mm	850 U/min	3 + 1	6820 kg

Ab 1926 wurde von der bekannten Lokomotiven-Fabrik Linke-Hofmann-Werke AG, Breslau, nach den Patenten von Ing. Stumpf der LHW-Kettenschlepper gebaut. Dieser Raupenschlepper mit der damals üblichen Hebellenkung zeichnete sich durch sein relativ geringes Gewicht von nur 2900 kg aus. Als Antrieb diente ein 4-Zylinder-Kämper-Vergaser-Motor mit 50 PS Leistung. Dieser Typ wurde zum Raupenschlepper »Rübezahl« weiterentwickelt, der sich bald einen festen und zufriedenen Käuferstamm im gesamten Reichsgebiet erwarb.
Die »MTW – Moorburger Trecker-Werke H. W. Ritscher, Moorburg bei Hamburg« baute ab ca. 1924 dort einen 22 bis 27 PS starken und 2200 kg schweren Kettenschlepper. Zum Einbau gelangte auch hier ein 4-Zylinder-Kämper-Vergaser-Motor. Rund zehn Jahre später wurde die Firma Ritscher durch ihre Dreirad-Schlepper berühmt.
Eine sehr beachtenswerte und eigenwillige Konstruktion, die von allen bisher bekannten Kettenschleppern grundlegend abwich, war der »Raupenstock« der Stock-Motorpflug GmbH, ein stark kopflastiger Vierrad-Kettenschlepper mit Vorderradantrieb. Im Gegensatz zu den sonst üblichen Laufwerken fehlten hier die Laufrollen, weil Trieb- und Leitrad dieses relativ kurzen Schleppers gleichzeitig als Laufräder dienten. Um sich den Bodenunebenheiten anpassen zu können, war die Hinterachse pendelnd und unter Zwischenschaltung einer starken Druckfeder gelagert.

Technische Daten »Raupenstock«

Motor: 2-Zylinder-Viertakt-Stock-Vergaser-Motor, Bohrung 120 mm, Hub 160 mm
Umlaufschmierung durch Zahnradpumpe

Getriebe: Viergang (3,5 – 5,2 – 9,5 und 3,0 km/h Geschwindigkeit)
Zapfwelle, Seilwinde

Fast 4000 dieser Maschinen wurden in alle Welt verkauft. Der Raupenstock arbeitete sowohl als Schneepflug im hohen Norden als auch bei Umbrucharbeiten in Nordafrika.

Oben: Aus der Werbung (21)

Links oben: Der 22/28-PS-Lanz-Großbulldog, Typ HR 2, mit Verdampfungskühlung, gebaut von 1926–31. (5)

Links: Der »Raupenstock« – eine sowohl technisch interessante als auch erfolgreiche deutsche Konstruktion. (29)

Links: Ab 1926 wurden bei den Linke-Hofmann-Werken in Breslau leichte Raupenschlepper mit Hebellenkung gebaut. (29)

Oben: M.T.W.-Raupenschlepper mit aufgeschraubten Gummiklötzen für Straßenfahrt, gebaut von der Fa. Heinrich Ritscher, Abt. Moorburger Treckerwerke, Hamburg. (25)

Die Weltwirtschaftskrise

Der Zusammenbruch der Weltwirtschaft und der damit verbundene Produktionsrückgang sowie die nachfolgende Massenarbeitslosigkeit der Jahre 1929 bis 1933 brachten auch den deutschen Landwirten finanzielle und wirtschaftliche Not. Der Kaufkraftschwund und der starke Rückgang des relativ bescheidenen Exports von Landmaschinen um rund die Hälfte hatten zur Folge, daß viele Firmen zur Aufgabe ihrer Schlepperproduktion gezwungen waren. Kaum, daß sich die deutsche Landmaschinen-Industrie von den Folgen des zurückliegenden Krieges und der Inflation erholt hatte, steckte sie schon wieder in einer Krise, was sich auf den Messen zeigte. Waren im Jahre 1928 auf der DLG-Ausstellung noch elf Firmen mit 54 Schleppern vertreten, so waren es ein Jahr später nur noch acht Firmen mit 40 Maschinen. Dafür drängte aber eine große Zahl ausländischer Anbieter – vor allem aus den U.S.A. und Kanada – verstärkt auf den deutschen Markt. In der nachfolgenden Tabelle sind verschiedene deutsche und ausländische Rad- und Raupenschlepper mit den wichtigsten technischen Daten aufgeführt.

Bei der wirtschaftlichen und politischen Situation Anfang der 30er Jahre ist es sicherlich nicht verwunderlich, wenn eine damals führende deutsche Schlepperbaufirma in einem Flugblatt mit der Überschrift »Deutscher wehre Dich« die Frage stellte: »Warum werden für deutschen Boden ausländische Schlepper gekauft, obwohl überlegene oder zumindest gleichwertige deutsche Maschinen auf dem Markt sind?«

Als bestes Beispiel für einen international konkurrenzfähigen deutschen Schlepper sei an dieser Stelle der Raupenschlepper »Rübezahl« der Linke-Hofmann-Busch-Werke AG, Breslau (LHB, vormals LHW), genannt. Bei dieser Maschine fanden mehrere grundlegende technische Neuerungen Anwendung, so das Doppel-Differential-Lenkgetriebe nach dem Vorbild des amerikanischen Cletrac-Kettenschleppers, bei dem die Maschine mittels Lenkrad durch Abbremsen der Kettenantriebswellen im Getriebe gesteuert wurde. Ferner waren zwei unabhängig voneinander bewegliche Laufrollenkästen angebracht, die vorn mittels gelenkig gelagerter starker Querfedern am Motorblock abgestützt waren. Als hinteren Drehpunkt für die Kettenkästen wurden Schwingachsen verwendet. Die doppelte Abfederung der Kettenkästen ermöglichte es, daß die Ketten auch auf unebenem Gelände mit ganzer Fläche gleichmäßig auflagen und somit die volle Maschinenkraft als Zugkraft genutzt werden konnte. Dadurch war im Gelände eine Geschwindigkeit von 14 km/h zu erreichen. Der »Rübezahl« wurde anfangs mit einem 4-Zylinder-50-PS-Kämper-Vergasermotor geliefert. 1931 konnte dieser Kettenschlepper auch mit einem 4-Zylinder-Dieselmotor eigener Bauart ausgerüstet werden, der bei 1100 U/min rund 50 PS leistete. Dieser moderne Kettenschlepper mit 3900 kg Eigengewicht besaß zum Starten einen elektrischen Anlasser, der den Motor bei voller Kompression durchdrehte. Doch dieser hochwertige Schlepper aus Breslau hatte auch seinen Preis; mit 13.000 RM im Jahre 1931 stand er an oberster Stelle der Preisskala.

Die nächsten sechs Abbildungen zeigen (der Reihe nach):

35-PS-Traktor der Advance Rumely Thresher Co.
45-PS-IHC-Traktor
40-PS-Case-Traktor
30-PS-Fordson Traktor
32-PS-IHC-Raupentraktor
28-PS-Cletrac-Raupentraktor
(30)

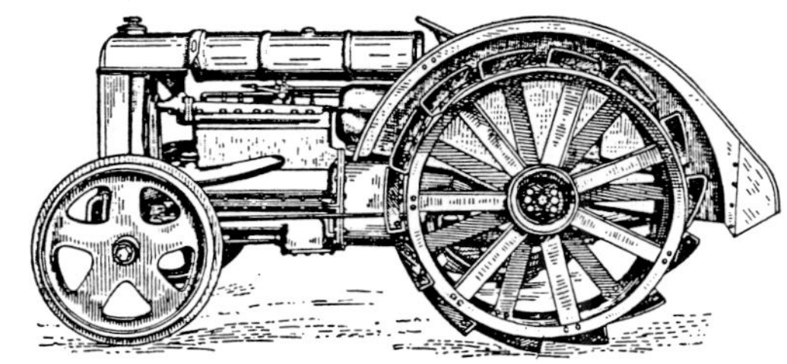

Deutsche Rad- und Kettenschlepper und ihre ausländische Konkurrenz

Fabrikat	Motor	Leistung (PS)	Gewicht (kg)	max. Geschw. (km/h)	Preis 1.8.29 (Mark)
Radschlepper					
Benz-Sendling	1-Zyl.-Diesel	26	2500	6,0	6600
Deutz	2-Zyl.-Diesel	27/30	2400	6,3	6900
Hanomag	4-Zyl.-Vergaser	28	2000	8,0	4975
Lanz	1-Zyl.-Glühkopf	30	2575	5,6	6300
Pöhl	4-Zyl.-Diesel	30	2240	8,0	7850
Advance-Rumely	2-Zyl.-Rohöl	35	2550	5,6	6950
Case	4-Zyl.-Vergaser	40	2270	4,0	8700
Ford	4-Zyl.-Vergaser	30	1450	11,1	4365
IHC	4-Zyl.-Vergaser	45	2800	6,4	8550
Massey Harris	4-Zyl.-Vergaser	35/38	2100	5,4	7600
Kettenschlepper					
LHB	4-Zyl.-Vergaser	50	3300	12,0	10600
Stock	2-Zyl.-Vergaser	25/28	2465	8,5	6150
Ritscher	4-Zyl.-Vergaser	27	2350	6,8	6800
Cletrac	4-Zyl.-Vergaser	28	1900	3,0	6190
Cletrac	6-Zyl.-Vergaser	65	3700	8,0	13665
IHC	4-Zyl.-Vergaser	32	2900	5,5	

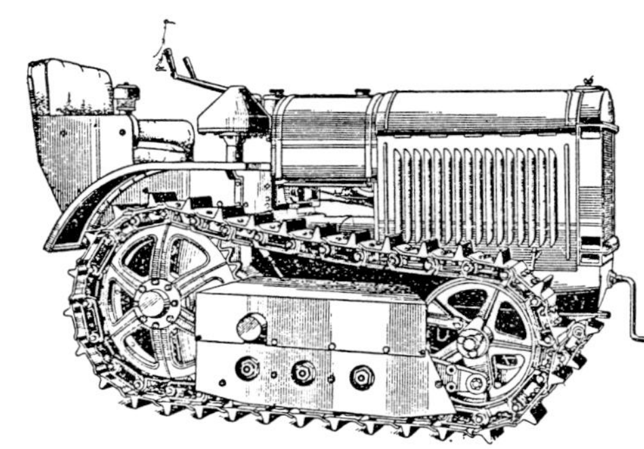

MERCEDES-BENZ DIESELSCHLEPPER

FÜR DIE LANDWIRTSCHAFT

Hauptabmessungen, Leistungen und Verbrauchsziffern

Radstand	1700 mm
Spurweite: vorn	1340 mm
Spurweite: hinten	1480 mm
Größte Länge des Schleppers	2360 mm
Größte Breite des Schleppers	1720 mm
Größte Höhe ohne Verdeck	1650 mm
Bodenfreiheit	315 mm
Höhe des Anhängebügels	300 mm
Gewicht des betriebsfertigen Schleppers	2560 kg

Räder: 4 Profileisen-Ackerräder

Spurkränze an den Vorderrädern, Winkelgreifer an den Hinterrädern

Außendurchmesser vorn	900 mm
Außendurchmesser hinten	1300 mm

Auf Wunsch werden gegen Mehrpreis zum Auswechseln geliefert:
4 Grauguß-Vollscheibenräder mit Elastic-Bereifung:

vorn einfach	560×110 mm
hinten doppelt	850×150 mm

Fahrgeschwindigkeiten:

im I. Gang	3,1 km/Std.
im II. Gang	4,5 km/Std.
im III. Gang	6,2 km/Std.
Rückwärtsgang	4 km/Std.

Höhere Geschwindigkeiten auf Wunsch.

Arbeitsleistungen auf mittelschwerem Boden i. d. Stunde:

beim Tiefpflügen	0,7 Morgen
beim Saatpflügen	1,2 Morgen
beim Schälen	2,5 Morgen
beim Grubbern, Eggen, Ziehen von Mähern, usw.	4,0 Morgen

Treibstoffverbrauch für einen Morgen (1/4 ha)

Tiefpflügen	5—6 kg
Saatpflügen	3—4 kg
Schälen	1,5—2 kg
Grubbern, Eggen, Ziehen von Mähern, usw.	1,5 kg
Schmieröl	0,25 kg/Std.

DAIMLER-BENZ A.-G. / STUTTGART-UNTERTÜRKHEIM

Mercedes-Benz O.E., Prospekt von 1930. (3)

Mercedes-Benz O.E. als Straßenschlepper mit Vollgummibereifung und Wetterdach. (4)

Mit der Herbstbestellung

werden Sie rechtzeitig fertig, wenn Sie den

Großkraftschlepper

Rübezahl

verwenden.

Tagesleistung

70 Morgen	Schälen	2 — 3	Zoll
30 „	Saatfurche	8 — 10	„

Rübezahl wurde von der Deutschen Landwirtschafts-Gesellschaft auf Grund der Prüfung Köln 1930 mit der **„Silbernen Preismünze"** ausgezeichnet

Rübezahl wird auch mit Dieselmotor 55 PS eff. geliefert

LINKE-HOFMANN-BUSCH-WERKE
AKTIENGESELLSCHAFT LHB WERK BRESLAU

Der Berggeist des Riesengebirges gab dem LHB-Kettenschlepper seinen Namen. (30)

Die Welt-Schlepperprüfung in England – Deutschlands Anschluß an die internationale Konkurrenz

Im Sommer 1931 fand in Oxford eine internationale Schlepper-Vergleichsprüfung statt, die den Gebrauchswert der einzelnen Maschinen ermitteln sollte. 35 Schlepper aus England, Amerika, Kanada, Frankreich, Schweden, Ungarn und Deutschland wurden zur Prüfung vorgeführt. Es wurden Zughaken- und Riemenscheibenleistungen gemessen, anschließend mußte mit den Maschinen gepflügt und gegrubbert werden. Beim Test der Zughakenleistung wurden folgende Ergebnisse erzielt:

	Angegebene Zughaken-Nennleistung (PS)	Gemessene maximale Zughakenleistung (PS)
Lanz	15	22,7
LHB	35	34,2
Merc.-Benz	14	12,5
Farmall	9	13,8
IHC	15	29,3
Case	17	21,3

Die Ergebnisse zeigten, daß der Lanz-Bulldog die vom Hersteller angegebene Zughakenleistung weit überschreiten konnte. Der LHB-Kettenschlepper und der Mercedes-Benz O.E. erreichten fast die angegebenen Firmenwerte.
Von den ausländischen Maschinen verfügte besonders der IHC-Schlepper über sehr große Leistungsreserven. Bei der Berechnung der Wirtschaftlichkeit bezüglich Brennstoffkosten und Anschaffungspreis schnitten Lanz und LHB im Durchschnitt günstiger als die internationale Konkurrenz ab.
In England wurden die robusten deutschen Fahrzeug-Dieselmotoren der Firmen MAN, Kämper und Daimler-Benz Anfang der 30er Jahre als Antriebsmotoren in Straßenwalzen und Seilpflüge der Firmen McLaren und Fowler eingebaut. In Deutschland dienten einzylindrige Klein-Dieselmotoren von 5 bis 20 PS Leistung als feststehende oder ortsbewegliche Antriebsquelle für viele landwirtschaftliche Maschinen und Geräte. Zu den bekanntesten deutschen Firmen, die ab ca. 1930 Klein-Dieselmotoren bauten, gehörten Deutz, Schlüter, Hatz in Ruhstorf, Körting in Hannover, MWM, Güldner und die Motorenfabrik Herford.

Das ist der Diesel, der Ihnen fehlt!

Für kleinste u. grössere Leistungen

Humboldt-Deutzmotoren A.G.
Werk Deutz Köln Deutz

Oben: Die Deutz-Kleindieselmotoren hatten einen großen Anteil an der Motorisierung und Mechanisierung der Landwirtschaft.

Unten: Der 15/30-PS-Lanz-Bulldog, Typ HR 5, mit Thermosyphon-Kühlung wurde bis 1935 in 11 500 Exemplaren gebaut.

Der Dieselmotor verdrängt den Vergasermotor

1931 kann als das Jahr des Einzugs des Dieselmotors in den Schlepperbau bezeichnet werden, denn weitere führende Hersteller in Deutschland rüsteten ihre Maschinen mit den robusten Dieselmotoren aus.
Hanomag verwendete für den WD-Radschlepper und für den neu entwickelten Kettenschlepper Typ K 35/40 einen Dieselmotor eigener Bauart, der mit der unverwüstlichen Schrägnocken-Einspritzpumpe versehen war. Dieser Dieselmotor, der ständig weiterentwickelt wurde, war über ein Vierteljahrhundert lang das Herz vieler Hanomag-Schlepper.

Technische Daten zum ersten Hanomag-Dieselmotor-Typ

Zahl der Zylinder	4
Arbeitsweise	Viertakt, Vorkammer
Bohrung	105 mm
Hub	150 mm
Hubraum	5194 ccm
Verdichtung	1 : 17
mittlere Drehzahl	1100 U/min
Leistung	ca. 36 PS
Gewicht	700 kg
Verbrauch	210 g/PSh

Einen weiteren Diesel-Schlepper bauten die Motorenwerke Mannheim. Dieser eisenbereifte Acker-Radschlepper wurde in rahmenloser Blockbauweise ausgeführt und besaß einen 3-Zylinder-Motor mit 35 PS Leistung mit einem elektrischen Anlasser. Doch dieser Schlepper war durch den hohen Preis nicht konkurrenzfähig und wurde nur in wenigen Exemplaren hergestellt.

Deutsche Radschlepper mit Diesel- und Rohöl-Motor (Stand 1931)

Fabrikat	Zyl.	Motorleistung	Drehzahl	Gewicht	Preis
Merc.-Benz	1	26 PS	800 U/min	2560 kg	5900 RM
Deutz	2	27 PS	850 U/min	2450 kg	6600 RM
Lanz	1	30 PS	540 U/min	2580 kg	6300 RM
MWM	3	35 PS	1200 U/min	2400 kg	9000 RM
Hanomag	4	36 PS	1100 U/min	2500 kg	6700 RM

Wie ein Büffel

zieht die Hanomag-Raupe. Es ist eine Freude, solch' exakte Arbeit zu sehen. Schnurgerade Furchen, keine Beschädigung der empfindlichen Ackerkrume. — Die Hanomag-Diesel-Raupe ist ein unermüdlicher, robust gebauter Schlepper: wendig, schnell, sehr kräftig (40 PS); sie arbeitet sehr billig. Brennstoffverbrauch nur 200 g je PS-std. Ölverbrauch nur 3 g je PS-std. Zur Verbrennung gelangt das billige, zollermäßigte Gas-, Roh- oder Dieselöl.

Vor Anschaffung einer anderen Raupe müssen Sie sich unbedingt über die

HANOMAG-DIESEL RAUPE

unterrichten. Lassen Sie sich daher ausführliche Drucksachen kommen.

HANOMAG - HANNOVER

Stark wie ein Büffel – die Hanomag-Raupe mit 40 PS starkem Dieselmotor! (30)

Ein weiterer Vertreter der rahmenlosen Bauart war der MWM-Ackerschlepper mit 3-Zylinder-Dieselmotor. (45)

Ausführung zeichneten diesen 20 PS starken Schlepper aus, der in seinem Grundaufbau auch von IHC in Neuß (der Tochterfirma des amerikanischen Unternehmens) bis in die 50er Jahre hinein gebaut wurde.
Ebenfalls aus Amerika kam die Idee, Geräte an den Schlepper anzubauen und nicht nur anzuhängen, um so eine Einheit von Schlepper und Bodenbearbeitungsgerät herzustellen. Dieser Überlegung liegt eine Entwicklung des Iren Harry Ferguson zugrunde, der Pflüge mittels dreier gelenkiger Aufhängungspunkte an einen Fordson-Schlepper ankuppelte. Bei Pflugversuchen stellte Ferguson fest, daß Vorder- und Hinterräder bei starkem Zug gleichmäßig belastet wurden, was zur Folge hatte, daß sich der leichte Schlepper auch bei großem Bodenwiderstand nicht aufbäumte oder gar überschlug. Diese Weiterentwicklung führte in den 50er Jahren zur genormten Dreipunkt-Aufhängung, die es ermöglichte, alle Pflüge, landwirtschaftlichen Geräte oder Maschinen an den Schlepper anzubauen. Das Heben und Senken erfolgte mittels Hebel- oder Windenmechanismus. Ab 1939 wurde der ölhydraulische Kraftheber an Ackerschleppern angeboten, der sich aber erst in den 50er Jahren durchsetzen konnte.

Der Luftreifen für Ackerschlepper

1930 hatte der Schlepperbau in Deutschland einen hohen technischen Entwicklungsstand erreicht, doch waren die Einsatzmöglichkeiten durch Eisenräder beschränkt, obgleich die führenden deutschen Schlepperbaufirmen für diese eine ganze Palette der verschiedensten Greiferkonstruktionen, wie Stollen-, Winkel-, Dach-, Spaten- und Moorgreifer, anboten. Ein ideales Stahlrad für jeden Boden und auch für Straßenfahrten gab es jedoch nicht. Für die Fahrt auf der Straße mußten entweder andere Räder angebracht oder die Greiferräder mit großem zeitlichem Aufwand »entschärft« werden. Die von der LKW-Industrie eingeführte Elastik-Bereifung brachte zwar die Einsatzmöglichkeit des Schleppers auf der Straße ein Stück weiter, aber auf dem Acker war diese Bereifung nicht einsetzbar. Ab 1928 wurde die Luftbereifung bei verschiedenen Stra-

Ein sehr vielseitiger Kleinschlepper war der »Do All« der Advance-Rumely Thresher Company, USA. Diese 22 PS starke Maschine konnte entweder als Vierradschlepper für Zugarbeiten oder, nach Abbau der Vorderachse, als Dreiradschlepper mit hinterem Stützrad benutzt werden. Zwischen dem Stützrad und der angetriebenen Achse konnte im Blickfeld des Fahrers ein Rahmen mit verschiedenen Bodenbearbeitungsgeräten angebracht werden. Der 1350 kg leichte »Do All« war durch Achsschenkellenkung sehr wendig. Die stufenlose Spurverstellung bot die Möglichkeit, in jede Reihenkultur einzufahren. Da der Umbau aber zu umständlich war, konnte sich diese Art von Geräteträgern nicht durchsetzen.
Aus Amerika kam ein weiterer Schlepper, der Farmall von IHC, der auch als selbstfahrendes Bodenbearbeitungsgerät eingesetzt werden konnte. Zwischenachsanbau, Spurverstellung, kleiner Wendekreis und leichte Bauweise in Drei- oder Vierrad-

Die Straßenzugmaschine, der 38-PS-Lanz-Eilbulldog, Typ D 9539, mit 6-Gang-Getriebe, Luftgummibereifung und Fahrerkabine. (5)

HANOMAG-Schlepper
mit Riesenluftreifen

Ein Fortschritt auf dem Gebiete des Straßentransportes

Die Vorzüge des Hanomag-Straßenschleppers als vielseitiges Beförderungsmittel für das gesamte Transportwesen erfahren wiederum eine Erweiterung durch Einführung der Riesenluft-Bereifung. Die Vorteile derselben sind erheblich und werden nachstehend kurz zusammengefaßt.

Durch die weiche Federung der Riesenluftreifen wird die gesamte Maschine geschont, sodaß die Unterhaltungskosten infolgedessen verringert werden.

Andererseits ist auf schlechten Straßen eine größere Fahrgeschwindigkeit möglich. Es steigt also die Tagesleistung und somit die Wirtschaftlichkeit des Schlepperbetriebes.

Längere Fahrstrecken sind für den Fahrer weniger anstrengend, was ebenfalls für die Erreichung höherer Tagesleistungen von ausschlaggebender Bedeutung ist.

Der etwas höhere Anschaffungspreis der Luftbereifung steht in keinem Verhältnis zu dem allgemeinen Gewinn, welcher sich aus der Verwendung dieser Bereifungsart ergibt.

Räder mit Riesenluftreifen lassen sich an allen Hanomag-Schleppern auch nachträglich anbauen.

Abmessungen:

	Ausführung A	Ausführung B
Vorderradreifen:	730 × 120	23" × 5"
Hinterradreifen:	1075 × 225 = 40" × 8"	

Die Ausführung **A** hat vorn einen Pneu-Massiv-Reifen (Elastic-Reifen mit eingeschlossenem Hohlraum) mit sehr guter Federwirkung.

Die Ausführung **B** hat auch auf den Vorderrädern Luftreifen.

Die Triebräder sind bei beiden Ausführungen mit der gleichen Bereifung versehen. Alle vier Räder sind einfach bereift. Gewicht des luftbereiften Schleppers = 3100 kg. Die Zugleistung entspricht der eines mit Elasticbereifung ausgerüsteten normalen Hanomag-Schleppers. Auf Wunsch liefern wir zum Füllen der Luftreifen nach Wahl:

eine Preßluftflasche mit dazu gehöriger doppeltwirkender Hand-Luftpumpe,

eine vom Motor angetriebene Luftpumpe.

Hanomag WD-Radschlepper – Prospekt von 1929. (3)

ßenschleppern eingeführt. So zeigte Lanz 1930 anläßlich der DLG-Ausstellung in Köln einen Verkehrsbulldog mit festem Führerhaus, Vorderrädern mit Hochelastikgummireifen und Hinterrädern mit Luftreifen. Schon zwei Jahre vorher waren jedoch bei Hanomag und Lanz erste Versuche mit Niederdruck-Luftreifen (0,8 bis 1,1 at) gelaufen, nachdem man gehört hatte, daß in Amerika die Einsatzmöglichkeiten der Ackerschlepper mit luftgummibereiften Rädern beträchtlich erweitert werden konnten. Lanz besorgte sich über seine Pariser Vertretung einen Satz amerikanischer Luftgummireifen der Größe 12,75 × 28, montierte sie an den »Felddank« und führte damit Versuche auf dem Acker durch, die bewiesen, daß die Adhäsion der Luftreifen größer war als die der Vollgummireifen. 1931 begannen die Continental-Gummiwerke in Hannover mit der serienmäßigen Produktion von Luftreifen mit Wellenprofil für Ackerschlepper in den Größen 11,25 × 24 und 12,75 × 28. Beide Reifengrößen haben sich über drei Jahrzehnte in der deutschen Landwirtschaft bewährt.

Die Landwirte erkannten schon bald, daß mit den Ackerluftreifen die Zugkraft der Schlepper auf den leichteren Böden und auf der Straße bedeutend höher war als mit Eisenrädern. Auf schweren lehmigen Böden war die Zugkraft zwar geringer als mit Greiferrädern, aber durch den geringeren Rollwiderstand konnte eine rund 30 Prozent höhere Arbeitsgeschwindigkeit erzielt werden. Auch war es nun möglich, ohne Umbauten von der Straße auf den Acker und umgekehrt überzuwechseln. Luftbereifte Schlepper ermöglichten auf der Straße eine Geschwindigkeit von 20 km/h. Mit ihrer Verwendung an Schleppern, Wagen und Maschinen war ein weiterer erfolgreicher Weg zur Motorisierung, Mechanisierung und zum Straßentransport in der Landwirtschaft getan.

Neben der Luftbereifung trug die Entwicklung der Zapfwelle ebenso zum universellen Einsatz des Ackerschleppers bei. 1922 wurde in Amerika von IHC erstmals die Motorkraft an einem ihrer Schlepper über eine gelenkig angebrachte Welle auf einen Bindemäher übertragen. Damit konnte der Traktorfahrer den Mähbinder von seinem Sitz aus ein- und ausschalten. Ab ca. 1927 wurde die Zapfwelle auch an Schleppern und Landmaschinen in Deutschland angebracht. Doch eine breite Nutzung dieser weitergeleiteten Motorkraft des Schleppers auf andere landwirtschaftliche Maschinen und Geräte erfolgte erst nach deren Normung im Jahre 1930, die u. a. Drehzahl (540 U/min), Drehrichtung und Durchmesser festlegte. Die genormte Zapfwelle bot jetzt mit der Gelenkwelle als Verbindungselement die Möglichkeit, Pumpen, Fräsen, Mähwerke, Mähbinder und andere Geräte verschiedener Hersteller am Schlepper anzubringen bzw. vom Schlepper aus anzutreiben. Dieses bis in die heutige Zeit weiterentwickelte System machte den Schlepper zu einer selbstfahrenden und auch im Fahren und Ziehen arbeitenden Kraftzentrale.

Der hoffnungsvolle Neubeginn nach der Weltwirtschaftskrise

Der Bedarf an motorischer Zugkraft war 1933 nach dem Ende der Weltwirtschaftskrise besonders groß. Das Schlagwort »Antimechanisierung« war schnell verklungen. Die großen Güter – besonders im Osten – benötigten robuste und leistungsstarke Maschinen, um wirtschaftlicher produzieren zu können. Doch auch viele kleinere und mittlere Betriebe suchten zum Einsatz auf Hof und Feld einen vielseitig verwendbaren Kleinschlepper. Die aufstrebende deutsche Industrie und viele kleine Handwerksbetriebe versuchten mit allen ihnen zur Verfügung stehenden Mitteln, den Bauern die geforderten Maschinen zu liefern. Die Nachfrage nach Rad- und Kettenschleppern in der oberen Leistungsklasse deckten die großen Schlepperbaufirmen, wie Hanomag, Lanz, LHB und Deutz. Lanz hatte aus dem Einzylinder-Bulldog-Motor durch Drehzahlsteigerung eine Leistung von 35, 45 und 55 PS herausgeholt. Der 55-PS-Eilbulldog, das »Flaggschiff« aus Mannheim, wurde als Straßenschlepper mit einer Geschwindigkeit von über 30 km/h geliefert und war somit eine ernsthafte Konkurrenz zum Lastkraftwagen. Auch in der stark umkämpften Leistungsklasse der 20–PS-Schlepper bot Lanz nun einen Bulldog an. 1933 wurde das Programm durch einen Kettenschlepper erweitert. Hanomag behielt den Bau der bewährten Rad- und Raupenschlepper bei, nachdem sie – wirtschaftlich schwer angeschlagen – der Krise entgangen war und ab 1933 unter »Hanomag Automobil- und Schlepperbau GmbH« firmierte. Deutz bot bis 1934 zwei Schlepper an, die Typen MTZ 220 und 320. Beide konnten mit einem Schwungradanlasser geliefert werden. Die Werbung versprach »kinderleichtes« Starten des 2-Zylinder-Motors. Einen Preßluftanlasser besaß der eisenbereifte Diesel-Ackerschlepper der schwäbischen Maschinenfabrik Kaelble in Backnang. Neben dem Raupenschlepper »Rübezahl« bauten ab 1933 die Linke-Hofmann-Busch-Werke einen Raupenschlepper namens »Boxer«. Als Antriebsquelle diente ein 40 PS starker 4-Zylinder-Dieselmotor von Kämper, der nach einem neuen Prinzip angelassen wurde. Durch zuschaltbare Kammern im Zylinderkopf konnte die Kompression herabgesetzt werden. Die Maschine wurde mit einem Benzinvergaser versehen und konnte von Hand angedreht werden. Während der Anlaufzeit arbeitete die Maschine als Vergaser-Motor. Nach dem Abschalten der Zusatzkammern lief der Motor nach dem Dieselprinzip. Später folgte dann der Einbau von 4-Zylinder-Dieselmotoreneigener Fabrikation.

In wenigen Exemplaren bauten die Gebr. Seitz in Gangkofen bei Landshut Ende der 30er Jahre einen Bauernschlepper in Rahmenbauweise, der von einem liegenden 1-Zylinder-Zweitakt-Hatz-Dieselmotor vom Typ L 1 angetrieben wurde. (10)

Der Bauernschlepper – eine deutsche Entwicklung

Ein neuer Impuls, der sich positiv auf die Entwicklung des deutschen Schlepperbaues auswirkte, kam Mitte der 20er Jahre aus Süddeutschland. Zur Entlastung von Mensch, Tier und Maschine wurden gespanngezogene Gras- und Getreidemäher mit kleinen Benzin-Aufbaumotoren versehen. Dieser Konstruktion lag eine Entwicklung von Emil Kramer, dem Gründer der späteren Maschinenfabrik Gebr. Kramer, Gutmadingen, Baden, zugrunde. Kramer baute ab 1925 aus einem Gespannmäher durch einfache Umbauten und mit Hilfe eines aufgesetzten 4-PS-Benzinmotors einen selbstfahrenden Motormäher. Dieser Motormäher, der mit Riemenscheibe und Zweigang-Getriebe ausgerüstet war, konnte im bescheidenen Maße auch als Zugmaschine eingesetzt werden. Sieben Jahre später baute Kramer den Kleinschlepper »Allesschaffer« mit liegendem 1-Zylinder-Viertakt-Dieselmotor der Fabrikate Deutz oder Güldner. Bedingt durch die überaus große Nachfrage nach Kramer-Diesel-Schleppern ging man auch hier zur Fließbandfertigung über. Bis zum Anfang des Zweiten Weltkrieges wurden in Gutmadingen über 10000 Kramer-Kleinschlepper und Motormähmaschinen gebaut.

Ähnlich begann auch die Entwicklung der Traktorenfabrik Fendt in Marktoberdorf im Allgäu. Hermann Fendt baute 1928 seinen ersten selbstfahrenden Motorgrasmäher. Ihm folgte ein Jahr später ein Kleinschlepper mit liegendem 1-Zylinder-Viertakt-Deutz-Dieselmotor der Typenreihe MAH. Bis 1936 wurden von Fendt jährlich rund 100 Kleinschlepper mit der Bezeichnung »Dieselroß« verkauft. Ab 1936 gab es das Dieselroß mit 18 PS starkem Deutz-Motor und Luftgummireifen.

Hermann Lanz in Aulendorf (Hela) baute ebenfalls erfolgreich Kleinschlepper. Erwähnenswert sind die Typen Samson I und Samson II, die mit DKW-Zweitakt-Vergasermotoren ausgerüstet waren. Auch hier ging man 1933 zum Einbau von Dieselmotoren über.

Erwähnt werden muß an dieser Stelle auch die Maschinenfabrik Gebr. Hagedorn & Co., Warendorf/Westf., die von 1926 bis zum Beginn des Zweiten Weltkrieges über 1000 selbstfahrende Motormäher und Kleinschlepper baute. Auch bei Hagedorn erkannte man die Zeichen der Zeit richtig und produzierte ab Mitte der 30er Jahre »Westfalia-Bauern-Universal-Trecker« mit Luftgummibereifung und Deutz-Dieselmotor.

Der Kleinschlepper-Markt wurde bis Ende der 30er Jahre von einer ganzen Reihe überwiegend in Süddeutschland beheimateter Firmen und Hersteller beschickt, die alle möglichen und unmöglichen Ein-, Zwei-, Drei- und Vierrad-Kleinschlepper und selbstfahrende Motormäher mit Benzin- oder Dieselmotoren bauten. In dieser Zeit wurde auch für den technisch versierten Bauern eine Anleitung herausgegeben, nach der er sich seinen Schlepper selbst bauen konnte.

Oben: H. Fendt baute im Mai 1928 seinen ersten motorisierten Grasmäher mit 4-PS-Deutz-Benzinmotor der Bauart MA. (8)

Unten: »Westfalia-Bauern-Universal-Trecker« mit Luftgummibereifung und Deutz-Dieselmotor. (46)

Links: Unter dem Namen »Westfalia« verkaufte die Maschinenfabrik Hagedorn ab 1926 selbstfahrende Motormäher und später auch Schlepper mit Deutz-Dieselmotoren. Aufgrund der Typenbegrenzung mußte auch diese Firma, die bis dahin rund 1000 Motormäher und Schlepper hergestellt hatte, die Produktion aufgeben. (46)

Der Einachsschlepper – Fortschritt für kleinbäuerliche Betriebe und Gärtnereien

Fendt-Dieselroß mit 9-PS-Deutz-Dieselmotor. (8)

Einen wesentlichen Anteil an der Mechanisierung landwirtschaftlicher Kleinbetriebe und Gärtnereien hatten neben den Kleinschleppern auch die Einachsschlepper, die nach dem Ende der Weltwirtschaftskrise auf den Markt drängten. Besondere Pionierarbeit auf diesem Sektor leisteten die Siemens-Schuckert-Werke, die schon ab Anfang der 20er Jahre verschiedene Einachs-Motorfräsen für Gartenbau und Landwirtschaft entwickelt hatten. Um 1930 war eine beachtliche Zahl verschiedenster Einachsschlepper in- und ausländischer Produktion auf dem deutschen Markt, die um die Gunst der Käufer warben. Zu der Gruppe der Einachsschlepper gehörten auch die Einrad-Motorhacken. So bot im Jahre 1930 A. Busse, Seniorkulturgeräte GmbH, Wurzen in Sachsen, eine Motorhacke mit einem im Antriebssrad angebrachten, luftgekühlten 1-Zylinder-Motor an. Ein amerikanischer Gartenschlepper mit Raupenketten wurde ebenso angeboten wie eine Einrad-Motorzugmaschine, die die angehängten oder angebauten Bodenbearbeitungsgeräte sowohl ziehen als auch schieben konnte.

Die durch Schädlingsbekämpfungsspritzen bekanntgewordene schwäbische Firma Holder in Metzingen erweiterte ihr Produktionsprogramm ab 1930 um einen sehr beachtenswerten Einachsschlepper. Die Maschine wurde von einem luftgekühlten DKW-Motor von 6 PS Leistung angetrieben und wog rund 250 kg. Max Holder entwickelte diese Maschine konsequent weiter und konnte Mitte der 30er Jahre eine ganze Palette verschiedenster Anbaugeräte, wie z.B. Grubber, Egge, Fräse, Pumpe, Seilwinde, Pflug und Mähwerk liefern. Auch ein Einachs-Anhänger wurde angeboten. So konnte auch das Transportproblem für den kleinbäuerlichen Betrieb gelöst werden.

Ab 1928 stellte die Firma Krupp, Essen, eine an den Holmen zu führende Front-Motormähmaschine her, die das Vorbild späterer Motormäher anderer Hersteller wurde.

Noch heute haben die Einachsschlepper ihr Hauptanwendungsgebiet im Gartenbau, ferner als »Kommunal-Schlepper« zum Schneeräumen, Grasmähen und Straßenfegen.

Links: 6-PS-Holder-Einachsschlepper Typ »Pionier« von 1930 mit Mähwerk und Stützrad. (21)

Oben: Einrad-Motorhacke der Firma Busse, Seniorkulturgeräte, Wurzen (Sachsen) mit Grubber. (45)

Links unten: Dem »Pionier« folgt 1938 der »Neue Holder-Traktor«, Typ NHT, in Blockbauweise und 3+1-Gang-Getriebe - hier mit v. Meyenburg-Fräswerkzeug. (21)

Oben: Die Kleinfräse K 5 der Siemens-Schuckert-Werke mit 5,5 PS Motorleistung war in den 30er Jahren mit mehreren tausend Exemplaren die am meisten verkaufte Einachs-Motorfräse. (30)

Die neue Schlepper-Generation

Mitte der 30er Jahre kam eine ganze Reihe neuer Schlepperkonstruktionen auf den deutschen Markt. Die wohl bedeutendsten Entwicklungen dieser Zeit kamen von der Klöckner-Humboldt-Deutz AG (KHD). Ab 1934 bot die Kölner Firma unter der Bezeichnung »Stahlschlepper« einen Radschlepper in Blockbauweise an. Das geschweißte Stahlgetriebegehäuse gab diesem Schlepper seinen Namen.

Beschreibung des 28-PS-Deutz-Stahlschleppers

Aufbau: Rahmenlose Blockbauweise

Motor: 2-Zyl.-Viertakt-Vorkammer-Dieselmotor stehender Bauart, Bohrung 120 mm, Hub 150 mm, Leistung 25/28 PS bei 1250 U/min, Druckumlaufschmierung, Wasserkühlung mit Umlaufpumpe und Lamellenkühler

Getriebe: Wechselgetriebe mit drei (eisenbereift) bzw. vier oder fünf (luftgummibereift) Vorwärtsgängen und einem Rückwärtsgang, Höchstgeschwindigkeit 17,4 bzw. 22 km/h, Zapfwelle, Riemenscheibenantrieb

Bereifung: Eisenräder mit Winkelgreifern (110 cm Durchmesser) oder Ackerluftreifen der Größe 11,25 × 24

Gewicht: Je nach Ausführung 2350 bis 2570 kg

Mit diesem Schlepper, der als Acker-, Universal- oder auch als Straßenschlepper geliefert werden konnte, stieg Deutz in die Großserienfertigung von Schleppern ein. Diesem Typ folgten zwei weitere stärkere Modelle mit 30 PS und 50 PS Motorleistung. Auch sie wurden in rahmenloser Blockbauweise hergestellt. Als Motoren dienten wassergekühlte 2- bzw. 3-Zylinder-Reihenmotoren mit 170 mm Kolbenhub. Ein weiterer großer Schritt nach vorn gelang Deutz 1936 mit der Konstruktion eines 11 PS starken Kleinschleppers.

Beschreibung des 11-PS-Deutz-Bauernschleppers

Aufbau: Rahmenlose Blockbauweise

Motor: 1-Zyl.-Viertakt-Vorkammer-Dieselmotor stehender Bauart, Bohrung 110 mm, Hub 140 mm, Leistung 11 PS bei 1550 U/min, Druckumlaufschmierung, Wasserkühlung mit Umlaufpumpe und Lamellenkühler

Getriebe: Drei Vorwärtsgänge, ein Rückwärtsgang, Höchstgeschwindigkeit 8 km/h

Bereifung: Ackerluft

Gewicht: 1200 kg

Schnittzeichnung des 28-PS-Deutz-Stahlschleppers. (3)

Dieser »Elfer-Deutz« war für etwa 20000 deutsche Kleinbauernbetriebe der erste Schritt der Motorisierung.

Auch die Hanomag in Hannover bot nach 1933 eine ganze Reihe neuer Entwicklungen an. Dem seit 1931 gebauten Schlepper RD 36 folgten zwei Jahre später verschiedene Typen von Acker- und Straßenschleppern mit 50 PS Motorleistung. Als reine Zugmaschine für das Transportgewerbe wurde ab 1933 der 55 PS starke »Hanomag-Diesel-Schnelltransporter Typ SS 55« gebaut, der mit einem Viergang-Getriebe eine Geschwindigkeit bis zu 40 km/h ermöglichte. Zu dieser Straßenzugmaschine gesellte sich 1936 der Typ »Gigant« für schwere Transporte. Gigantisch sind auch die technischen Daten dieser Maschine, die ebenfalls als Sattelschlepper gebaut wurde.

Hanomag SS 100 »Gigant«

Aufbau: Rahmenbauweise

Motor: 6-Zyl.-Viertakt-Vorkammer-Dieselmotor, Bohrung 110 mm, Hub 150 mm, Hubraum 8,55 Liter, Leistung 100 PS bei 1500 U/min

Getriebe: Sechs Vorwärtsgänge, ein Rückwärtsgang, Höchstgeschwindigkeit 45 km/h

Bereifung: 10,00 × 20, hinten zwillingsbereift

Gewicht: 6420 kg

Der Ruf nach dem Bauernschlepper blieb auch bei der Hanomag, Hannover, nicht ungehört. 1937 entstand der Typ RL 20 mit 20 PS Motorleistung. Dieser Schlepper, den es auch als Straßenzugmaschine (SS 20) gab, unterschied sich sowohl in seinem Aussehen als auch durch seine Technik von allen anderen Schleppern seiner Zeit. Der 4-Zylinder-Dieselmotor war der gleiche wie der im Hanomag PKW »Rekord«. Die Motordrehzahl war mit 2000 U/min für damalige Verhältnisse beachtlich hoch. Vier gleich große Räder, gefederte Vorderachse, hydraulische Trommelbremsen vorn und hinten und lange

Motorhaube waren Komponenten aus dem Automobilbau. Zapfwelle, Riemenscheibe, Ackerschiene und Mähwerk kamen aus dem Schlepperbau. Dieser Schlepper, der in ca. 3300 Exemplaren gebaut wurde, war besonders in den Kriegs- und Nachkriegsjahren ein treuer Helfer auf manchen Bauernhöfen. Nur relativ wenig technische Änderungen erfuhr der Kettenschlepper K 50, der von 1933 bis in die Kriegsjahre hinein gebaut wurde. Er war seinerzeit der meist gebaute Kettenschlepper Deutschlands. Ebenso erfolgreich wie der 50-PS-Kettenschlepper war der robuste Radschlepper, Typ R 40, der im Kriegsjahr 1940 in das Schlepperbauprogramm der Hanomag aufgenommen wurde. Dem R 40 vorausgegangen war der Typ AR/AGR 38. Für diesen Typ charakteristisch war der querliegende Tank vor dem Lenkrad. Beide leistungsstarke Schlepper zeichneten sich durch relativ geringen Kraftstoffverbrauch aus, was angesichts der Dieselknappheit der Kriegsjahre zunehmend von Bedeutung war.

Die Linke-Hofmann-Busch-Werke in Breslau erweiterten 1935 ihr Schlepperproduktionsprogramm um einen 42/45 PS starken Radschlepper. Dieser Schlepper konnte als Ackerschlepper mit eisernen Greiferrädern oder als Universal-Schlepper mit Luftgummireifen geliefert werden. Der 4-Zylinder-Dieselmotor eigener Bauart, der auch im Kettenschlepper »Boxer« Verwendung fand, hatte 145 mm Hub und 105 mm Bohrung. Bei 1250 U/min leistete der Motor 42 PS. Dieser leistungsfähige Schlepper wurde später auch als Straßenschlepper mit festem Führerhaus angeboten. 1935 wurde die Schlepperproduktion der LHB-Werke an die zum Junkers-Konzern gehörende Fahrzeug- und Motorenwerke GmbH (Famo) abgetreten. Die Schleppertypen wurden beibehalten und bis in die letzten Kriegsjahre hinein in Breslau produziert.

Auch die Heinrich Lanz AG, Mannheim, bot als größter deutscher Landmaschinenhersteller ab Mitte der 30er Jahre bis zur zwangsweisen Einstellung des Schlepperbaues eine ganze Palette verschiedenster Acker- und Straßenbulldogs an. Die stärkste Maschine war der Bulldog mit 55 PS Motorleistung, den es als Acker-, Straßen- und Kettenschlepper gab. Neben dem 35-PS- und 45-PS-Bulldog wurden auch in der stark beachteten Leistungsklasse um 20 PS zwei Grundtypen angeboten, der 20-PS-und der 25-PS-Bulldog. Diese beiden Typen gab es in der Ausführung als Acker-, Ackerluft- und Allzweck-Bulldog sowie als Verkehrsschlepper. Allen gemeinsam war ein

Rechts oben: 28-PS-Deutz-Straßenschlepper (3)

Rechts: Der 11-PS-Deutz beim Ernteeinsatz. (12)

Hanomag-Diesel-Schlepper von 1933 bis Kriegsende (Auswahl)

Typ	gebaut ab	Zylinder	Leistung (PS)	Drehzahl (U/min)	Gänge	Höchstgeschw. (km/h)	Eigengew. (kg)
RD 36	1931	4	36	1100	3 + R	8,0	2700
K 50	1933	4	50	1300	3 + R	6,5	4350
AR 50	1933	4	50	1300	3 + R	8,0	3100
SS 55	1933	4	55	1500	4 + R	40,0	4835
AGR 50	1935	4	50	1100	3 + R	11,5	3540
AR 38	1936	4	38	1100	3 + R	10,4	3200
S 100	1936	6	100	1500	4 + R	45,0	6420
RL 20	1937	4	20	2000	3 + R	13,0	1615
SS 20	1937	4	20	2000	4 + R	20,0	1555
R 40 A	1940	4	40	1200	5 + R	18,7	2950
R 40 St.	1940	4	40	1200	5 + R	25,0	3200

Oben: Hanomag-Bauernschlepper Typ RL 20 mit Mähbinder. (3)

Links: Der stärkste Radschlepper im Bauprogramm der Hanomag war lange Jahre der Typ AGR 50 mit 50 PS Motorleistung. (9)

Rechts oben: Hanomag-Straßenzugmaschine Typ SS 55 (21)

Rechts: Hanomag-Straßenzugmaschine Typ SS 100 »Gigant« (21)

1-Zylinder-Zweitakt-Glühkopfmotor mit 170 mm Bohrung und 210 mm Hub, was einem Gesamthubraum von 4,7 Litern entsprach. Der eisenbereifte Ackerbulldog hatte ein Dreigang-Getriebe, der Ackerluft-Bulldog ein Sechsgang-Getriebe, das folgende Höchstgeschwindigkeiten in den einzelnen Gängen ermöglichte: 3; 4,1; 5,6; 7,9; 10,9 und 15,1 km/h. Die Reifengröße war hinten 11,25 × 24 und vorn 6,00 × 20. Wie der Ackerluft-Bulldog war auch der Allzweck-Bulldog mit dem Sechsgang-Getriebe versehen. Unter dem Gesichtspunkt eines universellen Einsatzes, besonders im Hackfruchtanbau (Rüben, Kartoffeln, Mais), wurde der Allzweck-Bulldog mit hoher, schmaler Bereifung geliefert. Auch gab es bei diesem Typ die Möglichkeit, die Schlepperspur auf den jeweiligen Reihenabstand einzustellen. Die Bodenfreiheit war hoch: Sie betrug 47 cm.

Auf der Reichsnährstands-Ausstellung (vormals DLG-Ausstellung) 1939 in Leipzig zeigte die Heinrich Lanz AG erstmals ihren 15-PS-Allzweck-Bauernbulldog, Typ HE, der durch seine vielseitige Einsatzmöglichkeit, sein geringes Gewicht und durch seinen niedrigen Preis von 2750 RM großes Aufsehen erregte. Dieser Schlepper war auch die letzte Bulldog-Entwicklung von Dr. Ing. Huber, der 1942 verstarb. Von ihm stammt auch der Ausspruch: »Der Motor des Bauern kann gar nicht einzylindrig genug sein.« Der nachfolgende Auszug der Beschreibung des Bauernbulldogs stammt von ihm selbst:

»Im Bauernbulldog werden dem Landwirt nun für den Acker die drei Geschwindigkeiten von 3 und 4,5 und 6,8 km/h zur Verfügung gestellt. Für eine flotte Beweglichkeit auf der Straße wurden die Geschwindigkeiten 8,5 und 12 und 18 km/h vorgesehen.

Für diesen Schlepper kommt selbstverständlich nur wieder der einfache, zuverlässige Bulldogmotor in Betracht, an dem der einigermaßen maschinenkundige Laie etwa auftretende kleine Störungen selbst beheben und im Laufe der Zeit abgenützte Teile schnell selbst auswechseln kann.

Der Motor besitzt die bewährte Thermosyphonkühlung in neuer, gewichtssparender Ausführungsform. Der Achsabstand des Schleppers ist verhältnismäßig groß (1680 mm), um auch bei schwerem Ackerzug noch einen genügenden Vorderradabdruck und damit genügende Lenkfähigkeit zu bewahren. Ganz besonderes Augenmerk wurde auf die große Bodenfreiheit (450 mm) des Schleppers gerichtet, damit man mit ihm auch die vorgesehenen Hackfruchtpflegearbeiten ausführen kann.

Links oben: Hanomag-Ackerschlepper Typ AGR 38 (21)

Links: Hanomag-Straßenzugmaschine SS 20 (21)

Rechte Seite: Hanomag-Straßenzugmaschine Typ SR 50 (9)

HANOMAG
DIESEL
HANOMAG
2840

Das geringe Gewicht des Schleppers wurde nicht etwa durch schwache Ausbildung der lebenswichtigen Teile am Motor und Getriebe erreicht, sondern man machte in der Hauptsache gefäßartige Teile, die früher in Gußeisen ausgeführt waren, nunmehr aus Preßblech. Sein Gewicht ist betriebsfertig etwa 1200 kg.«

Soweit die Beschreibung von Dr. Huber. Zu diesem Allzweck-Bauernbulldog wurde eine ganze Reihe verschiedenster Anbaugeräte entwickelt, die es dem Bauern ermöglichen sollten, mehrere Arbeitsgänge auf einmal durchzuführen. Bei diesem Schlepper kam auch erstmals ein hydraulischer Kraftheber zur Anwendung. Durch den hereinbrechenden Zweiten Weltkrieg mit all seinen Folgen wurde der Bau und die Weiterentwicklung dieses Typs stark eingeschränkt.

Links: Der Hanomag-Kettenschlepper K 50 im Gelände. (9)

Lanz-Bulldog-Schlepper (Auswahl)

Typ	Leistung (PS)	Boh. x Hub (mm)	Hubraum (Liter)	Drehzahl (U/min)	Gänge	Höchstgeschw. (km/h)	Gewicht (kg)
Bauern-B.	15	145 x 170	2,8	900	6 + 2 R	17,5	1200
Ackerluft-B.	20	170 x 210	4,7	760	6 + 2 R	18,0	2250
Acker-B.	25	170 x 210	4,7	850	3 + R	5,9	2200
Ackerluft-B.	25	170 x 210	4,7	850	6 + 2 R	15,1	2550
Allzweck-B.	25	170 x 210	4,7	850	6 + 2 R	17,7	2100
Acker-B.	35	225 x 260	10,3	540	3 + R	6,1	3050
Ackerluft-B.	35	225 x 260	10,3	540	6 + 2 R	17,7	3250
Acker-B.	45	225 x 260	10,3	630	3 + R	6,2	3300
Ackerluft-B.	45	225 x 260	10,3	630	6 + 2 R	16,7	3650
Ackerluft-B.	55	225 x 260	10,3	750	6 + 2 R	20,0	3470
Eilbulldog	55	225 x 260	10,3	750	5 + R	32,0	4530

FAMO-Raupenschlepper »BOXER«

1	Kurbelwelle	15	Bremsrad
2	Motorkolben	16	Handgashebel
3	Kühlwasserpumpe	17	Lenkbremse
4	Ventile	18	obere Anhängevorrichtung
5	Kraftstoffpumpe	19	Ausgleichs-Lenkgetriebe
6	Auspuffleitung	20	untere Anhängevorrichtung
7	Benzinbehälter	21	Schaltgetriebe
8	Kraftstoffreiniger	22	Achse
9	Kraftstoffbehälter	23	Kettentriebrad
10	Luftreiniger	24	Laufrollenkasten
11	Luftansaugleitung	25	Laufrolle
12	Batterie	26	Einscheibenkupplung
13	Fußhebel für Kupplung	27	Blattfeder
14	Schalthebel	28	Kettenleitrad

Unten: Schnittzeichnung des Famo-Raupenschleppers »Boxer«. (3)

Links: Anzeige 1942 (30)

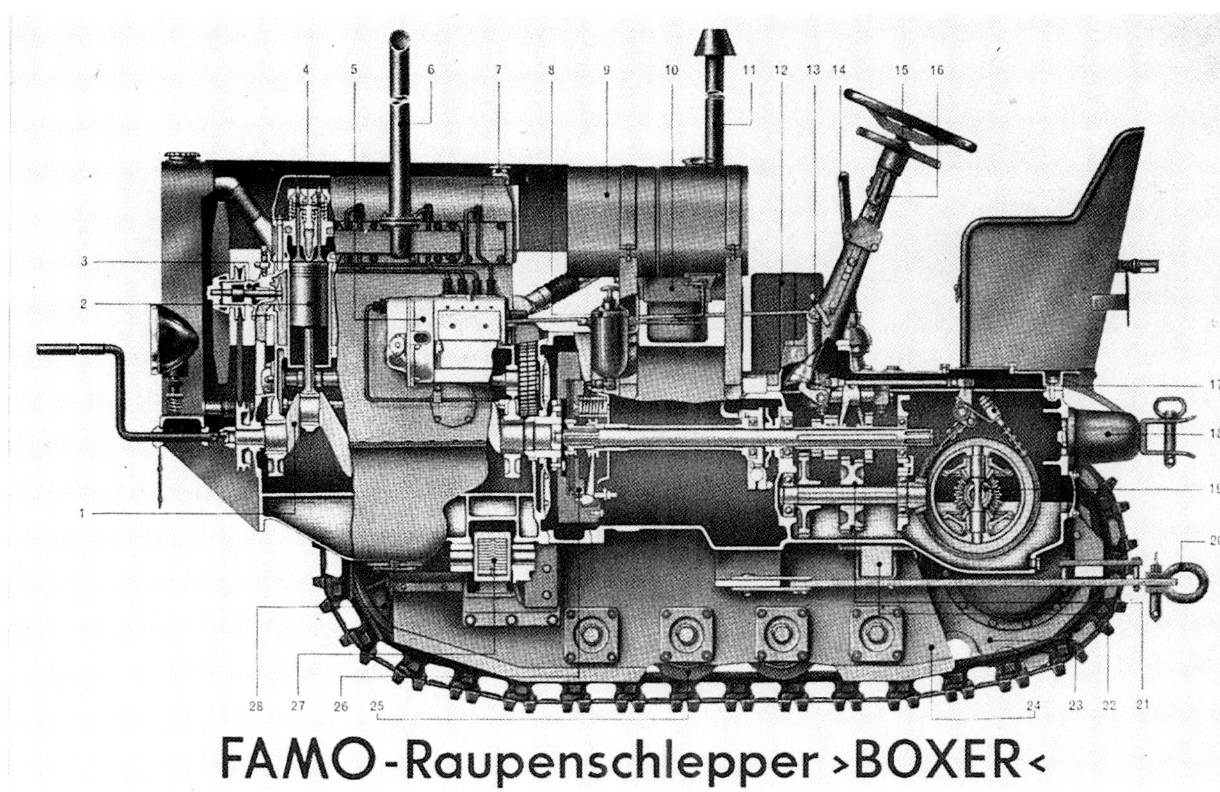

Auf der Reichsnährstands-Ausstellung in Leipzig 1939 zeigte Lanz den 15-PS-Allzweck-Bauern-Bulldog, Typ HE, mit elektrischem

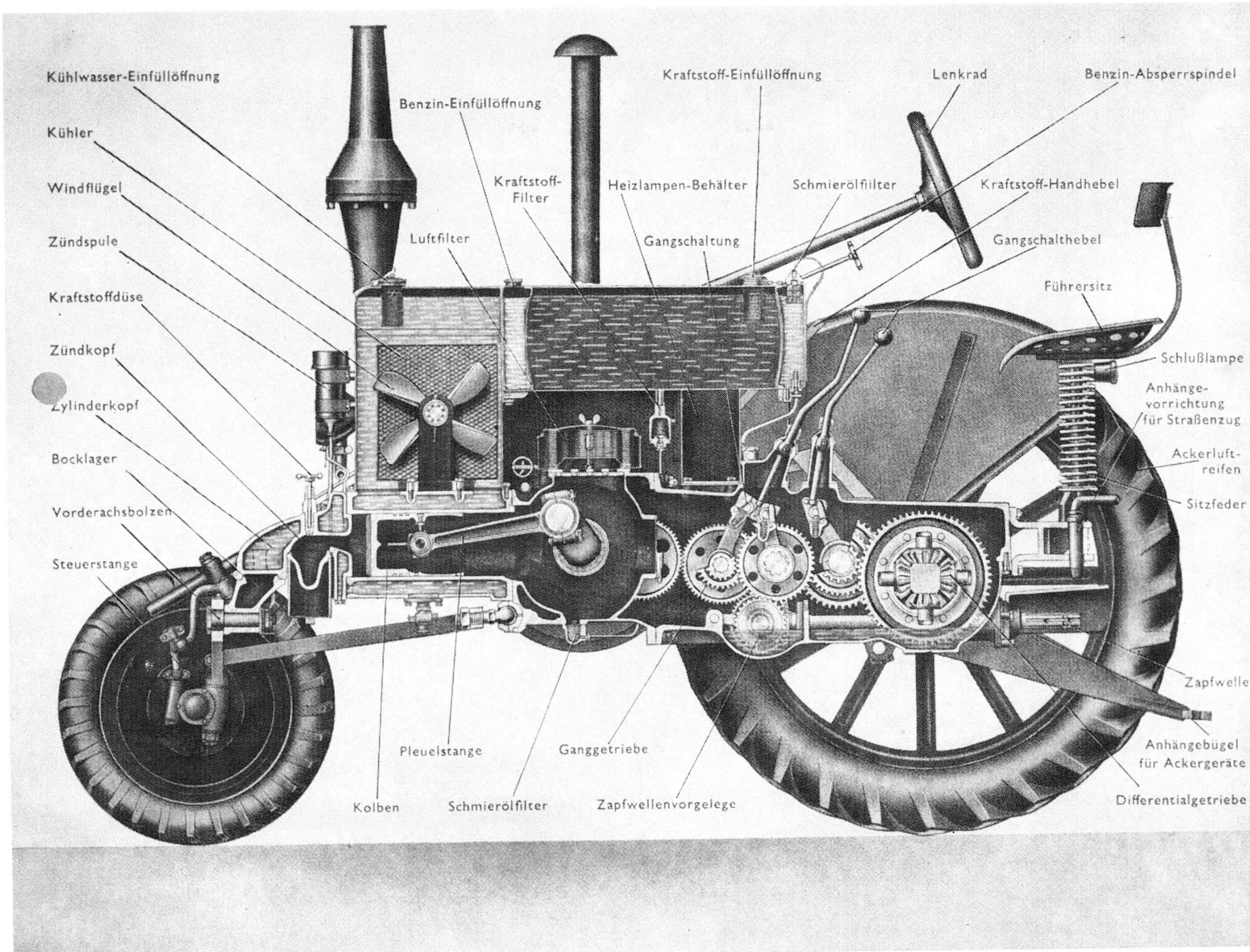

Anlasser, verstellbarer Spurweite und ölhydraulischem Kraftheber. (3)

Der 45-PS-Lanz-Ackerluft-Bulldog mit schwerer Scheiben-Egge.
(5)

Rechte Seite unten: 1939 brachte MAN einen 50-PS-Dieselschlepper heraus, der aber wegen der Typenbegrenzung nur in wenigen Exemplaren gebaut wurde. Als Motor diente eine 4-Zylinder-Maschine mit 4,5 Litern Hubraum. (17)

Links: Die 55-PS-Lanz-Bulldog-Raupe, Typ HRK. (5)

Unten: Der 11er-Deutz mit 20 000 Exemplaren der erfolgreichste Kleinschlepper der Kriegs- und Nachkriegszeit. (12)

Oben: Der 28-PS-Deutz-Stahlschlepper in der Ausführung als Straßenschlepper mit festem Führerhaus. (3)

Sonderkonstruktionen

Neben den Schleppern der großen Firmen Lanz, Hanomag, Deutz und Famo und der beachtlichen Zahl von Bauernschleppern kleinerer Hersteller wurden von 1935 bis in die Kriegsjahre hinein auch verschiedene Schlepper angeboten, die sich in Aufbau und Aussehen sehr stark von den herkömmlichen Typen unterschieden.
So wurde 1935 auf der REICHSNÄHRSTANDS-AUSSTELLUNG der Grams-Schlepper vorgeführt, bei dem es sich um einen Lastkraftschlepper mit vier gleich großen Rädern und einer Ladefläche handelte. Der 10 PS starke 1-Zylinder-Junkers-Gegenkolben-Dieselmotor und das Getriebe waren mit der Hinterachse zu einem Block vereinigt.
Ähnlich aufgebaut wie der Grams-Schlepper war auch der »Packesel« von ENDRES, einem findigen Bauern aus der Ochsenfurter Gegend. Er entwickelte und baute diese Allzweck-Maschine mit einer nach drei Seiten kippbaren Ladefläche, Riemenscheibe, Zapfwelle und Mähwerk sowie einem vom Motor angetriebenen Lader. Der »Packesel«, mit dem man sowohl vorwärts als auch rückwärts arbeiten konnte, wurde kurz vor dem Krieg in einigen Exemplaren von der Primus Traktoren-Gesellschaft gebaut. Diese Maschine war das Vorbild vieler – wenn nicht gar aller – Geräteträger der Nachkriegszeit.
Die Landmaschinenfabrik Schmotzer in Windsheim (Bayern) baute ab ca. 1935 eine Motorhackmaschine, die aus einem Vierrad-Fahrgestell mit 8,5 PS starkem MWM-Dieselmotor und aus einer hinter dem Fahrgestell angeordneten Hackvorrichtung bestand. Nach dem Abbau des Hackrahmens konnte diese Maschine auch als Schlepper benutzt werden. Weitere interessante Merkmale waren Viergang-Getriebe, Spurverstellung, Luft- oder Eisenbereifung und Einzelradbremse.
Die Moorburger Trecker-Werke, Karl Ritscher, begannen 1935 mit der Produktion eines kleinen Dreirad-Schleppers. Auf einer Studienfahrt durch Nordamerika sah RITSCHER erstmals Dreirad-Schlepper im Einsatz und war spontan von deren Vielseitigkeit so begeistert, daß er mit der Entwicklung eines dreirädrigen Schleppers begann. Das Ergebnis war ein 11 PS starker Schlepper mit Dreigang-Getriebe, Zapfwelle, Riemenscheibe, Differentialsperre und Mähwerk. Der besondere Vorteil dieser Schlepperkonstruktion lag in der einfachen Ausführung der Lenkung, dem kleinen Wendekreis und in der stufenlos verstellbaren Spur der Hinterachse im Bereich von 900–1600 mm, wodurch sich dieser Schlepper besonders für den Hackfruchtanbau eignete. Dem 11-PS-Ritscher-Diesel-Schlepper mit Kämper-Motor folgte 1939 ein stärkerer Typ mit 2-Zylinder-Deutz-Dieselmotor von 20/22 PS Leistung, der mit Unterbrechungen bis 1950 angeboten wurde.

Linke Seite: Anzeige für den 28–30 PS starken O & K-Diesel-schlepper. (21)

Rechts: Der »Packesel« von Endres (32)

Unten: Ritscher-Dreiradschlepper mit auf der Hinterachse aufgesatteltem Einachsanhänger. Das Gewicht des Anhängers lagert zum größten Teil auf der Hinterachse des 12-PS-Schleppers und erhöht somit die Zugkraft. (3)

Die Typenbegrenzung im Schlepperbau

Im Jahre 1938 wurden im damaligen Reichsgebiet über 100 verschiedene Schleppertypen für die deutsche Landwirtschaft angeboten. Neben den großen Firmen Lanz, Hanomag und Deutz, die ihre Schlepper in der mittleren und höheren Leistungsklasse anboten, wurden besonders die Bauernschlepper in vielen kleineren Fabrikationsstätten zusammengebaut. Fabrikate wie Brummer, Kulmus, Reina, Weber und Schutzbach sind heute kaum noch jemandem bekannt. Viele der kleinen Schlepper unterschieden sich in ihrem technischen Aufbau kaum voneinander, da sich die meisten Betriebe nur auf die Fertigung weniger Teile beschränkten. Motor, Getriebe, Achsen, Lenkung und andere Komponenten wurden von Fremdfirmen bezogen. So bauten die Firmen Prometheus, Berlin, Zahnradfabrik Friedrichshafen und Zahnräderfabrik Renk vollständige Achsgetriebe und Lenkung. Die Motoren lieferten überwiegend Deutz, Güldner und MWM. Eine im Jahre 1937 vom Reichsnährstand (ehem. DLG) durchgeführte Kleinschlepper-Vergleichsprüfung deckte zwar noch manche Mängel auf, ließ aber bei zwei Drittel der Maschinen einen für die damalige Praxis genügend ausgereiften Stand der Technik erkennen.

Um der fast unübersehbaren Flut von Typen Einhalt zu gebieten, wurde auf Grund der Verordnung des Generalbevollmächtigten für das Kraftfahrwesen, Oberst von Schell, am 24. Mai 1939 das zukünftige Typenprogramm für Acker- und Straßenschlepper festgelegt, wie es auch schon auf anderen Gebieten der Kraftfahrzeug-Industrie geschehen war, um somit »den planvollen Einsatz aller fabrikatorischen Kräfte auf wenige Ziele auszurichten«. Die Typenbegrenzung schränkte die Zahl der Acker- und Straßenschlepper um rund zwei Drittel ein. Nachfolgend Auszüge eines Berichtes von Prof. Meyer, abgedruckt im Juli 1939 in »Technik in der Landwirtschaft«:

»Die kürzlich erfolgte Veröffentlichung des Generalbevollmächtigten für das Kraftfahrwesen über das Typenbauprogramm von Ackerschleppern ist das erste nach außen sichtbare Zeichen für das Eingreifen des Staates in den Landmaschinenbau, zu dessen wichtigstem Faktor allmählich der Schlepperbau gewachsen ist.

Bei dem Fehlen eines freien Wettbewerbes mußte aber beobachtet werden, daß praktisch jeder Schlepper von den Bauern gekauft wurde, wenn er ihnen auch nur einigermaßen eine Hilfe zu werden versprach. Um die Zahl der Schlepperhersteller nicht ins Ungemessene anwachsen zu

Typenübersicht der Bauernschlepper (Auswahl)

Typ	Motor	Zyl.-Zahl	Leistung (PS)	Drehzahl (U/min)	Gänge	Höchstgeschw. (km/h)
Primus »Pony«	Deutz	1	11	1500	4 + R	15
Kramer K 12	Deutz	1	11	1500	4 + R	13
Ritscher Dreirad	Kämper	1	11	1500	3 + R	12
Deutz	Deutz	1	11	1550	3 + R	8
O&K/MBA	O&K/MBA	1	15	1300	3 + R	8
Fendt F 18	Deutz	1	16/18	1400	4 + R	15
Normag NG 10	Deutz	2	20/22	1500	4 + R	15
Miag LD 20	MWM	2	20	1500	4 + R	14
Kramer K 18	Güldner	1	20	1500	4 + R	15
Güldner	Güldner	1	20	1500	4 + R	15
Zettelmeyer Z 1	Deutz	2	22	1500	4 + R	15
Stock	Deutz	2	22	1500	6 + 2 R	20
Primus	Deutz	2	22	1500	4 + R	13
Eicher	Deutz	2	22	1500	4 + R	16
Martin	Deutz	2	22	1500	4 + R	15
Lanz/Aulendorf	Deutz	2	22	1500	4 + R	20
Fahr T 22	Deutz	2	22	1500	5 + R	19
Schlüter DZM 25	Schlüter	2	25	1500	4 + R	17

Oben: Primus 22-PS-Schlepper, Anzeige 1942. (30)

Rechts oben: Kramer-Bauernschlepper Typ K 12 (32)

Rechts Mitte: Primus-Straßenzugmaschine mit hinten liegendem 2-Zylinder-Dieselmotor. (32)

Rechts unten: 22-PS-Zettelmeyer-Straßenzugmaschine (23)

Linke Seite unten: Zettelmeyer-Ackerschlepper Typ Z 1 mit Deutz-Dieselmotor. (23)

Oben: 30-PS-MBA- (vormals O & K-) Schlepper, Anzeige 1942. (30)

Links: Schlüter-Dieselschlepper Typ DZM 25 mit 2-Zylinder-Schlüter-Dieselmotor (25 PS), Baujahr 1940. (20)

lassen, wurde in der Folgezeit die Zuteilung von Werkstoffen für den Schlepperbau durch das Reichskuratorium für Technik in der Landwirtschaft an bestimmte Voraussetzungen gebunden.
Ziel der Typung im Schlepperbau mußte von Anfang an vor allem in der Sicherstellung des Ersatzteildienstes, in der Zusammenballung der Herstellung in größeren Serien und damit in ihrer Verbilligung gesehen werden.
Die Typenbegrenzung hat vielen Firmen schwere Opfer auferlegt, nicht nur den ausscheidenden, sondern auch den verbleibenden, sofern sie zu einer starken Umstellung veranlaßt wurden. Wir können aber hoffen, daß sie nicht umsonst gebracht wurden, sondern daß der Schlepperbau gestärkt aus diesem Fegefeuer hervorgehen und so imstande sein wird, den erhöhten Anforderungen gerecht zu werden, die in den nächsten Jahren an ihn herantreten werden.«

Die Aufstellung der Typen gliederte sich in Acker- und Straßenschlepper.

I. Ackerschlepper

Hersteller	Motorleistung (PS)										
	11	15	20	25	30	35	40	45	50	55	60
Lanz		R		R		R		R		R+K	
Deutz	R				R				R		
Hanomag					R		R				K
Famo							R+K				K
O&K		R			R						
IHC		R									
20-PS-Gruppe			R								

R = Radschlepper
K = Kettenschlepper

Zur 20-PS-Gruppe gehören folgende Hersteller:
IHC (Vergaser-Motor), Fahr, Fendt, Martin, Güldner, Deuliewag, Kramer, Hermann Lanz, Wahl, Miag, Epple & Buxbaum, Eicher, Primus, Hagedorn, Ritscher, Schlüter, Normag, Stock, Zettelmeyer.

Rechte Seite: 22-PS-Fahr-Ackerschlepper mit Deutz-Dieselmotor und Fahr-Zapfwellenmähbinder, 1942. (6)

FAHR

II. Verkehrsschlepper

Hersteller	Motorleistung (PS)										
	15	20	25	30	32	40	50	55	100	135	150
Lanz	X		X								
Deutz				X			X	X			
Hanomag				X		X		X	X		
Famo						X					
Deuliewag					X						
Hoffmann					X						
Kaelble									X	X	
Faun											X
20-PS-Gruppe		X									

Zur 20-PS-Gruppe gehören folgende Hersteller:
H. Hansen (Bob), Deuliewag, Primus, Hoffmann (Hanno), Hanomag, Miag, Zettelmeyer.

Verkehrsschlepper (Auswahl) Stand: November 1942

Fabrikat	Motor	Leistung (PS)	Gänge	Höchstgeschw. (km/h)
Miag ID 20 F	MWN	20/22	4 + R	24
Hanomag SS 20	Hanomag	20	4 + R	20
Zettelmeyer Z 2	Deutz	20/22	4 + R	20
Primus P 20	Deutz	22	4 + R	20
Hanno R 22	Deutz	20/22	4 + R	38
Bob T 20	Deutz	20/22	4 + R	19
Hanno R 33	Deutz	30/33	4 + R	33
Hanomag R 40	Hanomag	40	5 + R	18
Famo	Famo	42/45	5 + R	25
Deutz	Deutz	50	5 + R	28
Lanz-Eilbulldog	Lanz	55	5 + R	33
Hanomag SS 55	Hanomag	55	4 + R	33
Hanomag SS 100	Hanomag	100	4 + R	45
Kaelble Z 6 GN 110	Kaelble	100	5 + R	45
Kaelble Z 6 GN 125	Kaelble	125	5 + R	50
Faun	Deutz	150	8 + 2 R	42

Nach der Typenbegrenzung im Schlepperbau wurde die weitere Motorisierung der deutschen Landwirtschaft durch schwerwiegende Beschränkungen des Staates gestoppt. Wenige Monate nach Beginn des Zweiten Weltkrieges wurde die »Verordnung über den Einsatz von Schleppern in der Landwirtschaft« erlassen, die deren Verwendung nur für bestimmte Arbeiten erlaubte. Ziel dieser Verordnung war es, den knappen, flüssigen Brennstoff einzusparen und vorrangig der Wehrmacht und dem Transportgewerbe zur Verfügung zu stellen. In der Verordnung hieß es unter anderem:

> »Schlepper, die in der Landwirtschaft eingesetzt sind oder eingesetzt werden, dürfen nur zur Erledigung der im Rahmen eines landwirtschaftlichen Betriebes anfallenden Arbeiten verwendet werden.
> Eine Verwendung dieser Schlepper zum ortsgebundenen Antrieb von Maschinen ist nicht zulässig.«

Rund ein halbes Jahr später – im Juli 1940 – wurde auf Veranlassung des Reichsernährungsministeriums die »Anordnung über die Verteilung von Landmaschinen und Ackerschleppern« erlassen. Nach der Typenbegrenzung und der Verordnung über den Einsatz von Ackerschleppern war dies der dritte große Eingriff des Staates in die deutsche Schlepper-Industrie, die immer stärker in den Sog der Kriegsmaschinenproduktion gezogen wurde. Die Herstellung und Verteilung von Schleppern wurde nun von staatlicher Seite gelenkt.

<u>Rechts:</u> Prospekt aus dem Jahre 1941 (21)

<u>Linke Seite:</u> Ab 1937 baute die Maschinenfabrik OTTO MARTIN in Ottobeuren einen 20 PS starken Schlepper in Blockbauweise und mit 2-Zylinder-Deutz-Dieselmotor. Aus diesem Schlepper entwickelten MARTIN und FENDT zusammen einen Einheitsschlepper der in den Kriegsjahren unter der Typenbezeichnung F 22 von Martin und Fendt gebaut wurde. (16)

JA 0156

Der Holzgas-Schlepper

Angesichts des verschärften Krieges und der damit verbundenen Treibstoffknappheit mußte zum 30. Juni 1942 auf Anordnung der Reichsregierung die Herstellung von landwirtschaftlichen Schleppern mit Motoren für flüssige Brennstoffe eingestellt werden. Damit aber die Bauern in der lebenswichtigen »Erzeugungsschlacht« für landwirtschaftliche Produkte ihre Schlepper weiterhin benutzen konnten, wurde die Umrüstung der Motoren auf Holzgas verlangt. Es wurden dann auch Schlepper mit Holzgaserzeugern serienmäßig hergestellt.
Die Idee, feste Brennstoffe zu vergasen und anschließend zu verheizen, war schon Mitte des 18. Jahrhunderts aufgetaucht. Motoren mit Holzgas als Brennstoff liefen erstmals 1884 in England. Um 1920 wurden von den führenden deutschen Motorenwerken auch Gaserzeuger für feste Brennstoffe angeboten. Die damals ausreichende Versorgung mit Benzin und der zu dieser Zeit auftauchende, wirtschaftlicher arbeitende Dieselmotor setzten jedoch dieser Entwicklung in Deutschland zunächst einmal ein Ende. In Frankreich, England und Italien aber wurde an der Entwicklung von Gasgeneratoren weitergearbeitet. So fand 1922 in Frankreich ein Wettbewerb mit Sauggas-Kraftfahrzeugen statt, die anstelle von Benzin Holz oder Holzkohle – vereinzelt auch Anthrazit – »tanken« konnten. Um das Jahr 1930 fuhren auch die ersten Gasgenerator-Kraftfahrzeuge auf Deutschlands Straßen. Im August 1935 wurde eine »Versuchsfahrt mit heimischen Treibstoffen« durchgeführt, die den Entwicklungsstand der Gasgenerator-Fahrzeuge zeigen sollte. 38 LKWs zwischen 4,5 und 13 t Eigengewicht mit Gaserzeugern für Stein- und Braunkohlenschwelkoks, Torfkoks, Holzkohle, Holz, Torf, Anthrazit und Braunkohlenbriketts wurden über eine Prüfstrecke von 12 000 bis 14 000 km geführt. Das Ergebnis der Fahrt zeigte, daß besonders die Generatoren für Holz und Holzkohle eine gute Betriebsreife hatten. Die Weiterentwicklung von Gasgeneratoren wurde dann überwiegend auf den Holzgasgenerator beschränkt, der dann auch bald in relativ großer Zahl in LKWs und Bussen Verwendung fand.

Linke Seite: Versuchs-Gasschlepper des Reichsamtes für Wirtschaftsausbau von 1940 auf der Basis des Hanomag R 40. (17)
Rechts oben: Der 50-PS-MAN-Schlepper mit vorgebauter Holzgas-Generatoranlage, 1941. (17)
Rechts: Hanomag R 40 mit Daimler-Benz-Anthrazit-Gasgenerator-Kühlung des Gases durch vorgebauten Röhrenkühler, 1941. (17)

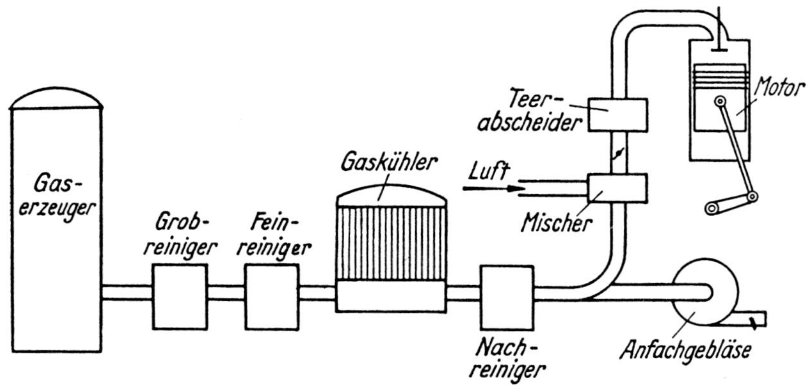

Links: Bauteile einer Gas-Generatoranlage (31)

Unten: Imbert-Holzgas-Generatoranlage (4)

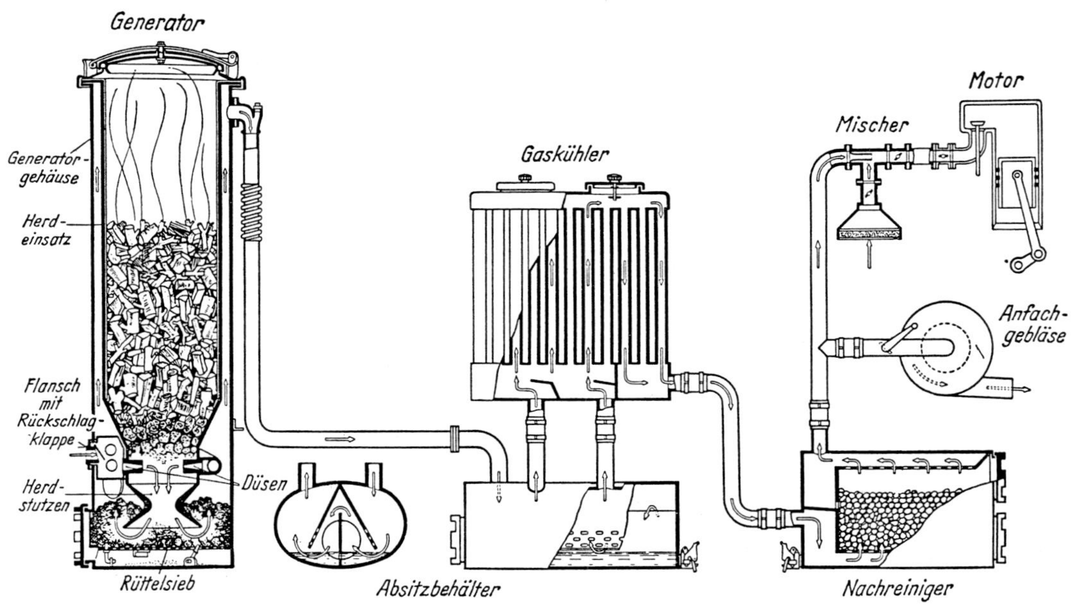

Kraftstoff:

Generatorholz, gegebenenfalls Torfbeimischung (höchstens 1 Raumteil Generatortorf auf 2 Raumteile Holz).

Absteigende Vergasung mit Randdüsen.

Luftzuführung über eine Luftkammer durch Rohre zu den Düsen oberhalb der Herdeinschnürung.

Herd in Diaboloform aus feuerbeständiger Sonderlegierung.

Rüttelsiebrost.

Gasabführung über den Ringraum zwischen Herdeinsatz und Gaserzeugergehäuse zum Gasabführungsrohr.

Gasreinigung durch Absitzbehälter, Gaskühler und Nachreiniger mit Korkschnitzelfüllung.

Gaskühlung durch Lamellenkühler.

Anfachen durch die Zündluke mittels Lunte.

Anfachgebläse saugt.

Baumuster

Bezeichnung*	GMR 50/16	GMR 55/17	AGMR 55/10	GMR 55/21	GMR 65/21
Für Motoren mit Hubvolumen	3—5	4—7	4—10	6—10	9—15
Mittleres Gesamtgewicht der Anlage kg	230	270	260	290	350
Kraftstoffüllung kg	60	80	70	90	150
Gesamtgewicht, betriebsfertig kg	290	350	330	380	500

* Die vollständige Baumusterbezeichnung lautet z. B. GMR 13/50/16 und schlüsselt sich folgendermaßen auf:
GM = Holzgasanlage
R = Ausrüstung mit Rüttelsieb
13 = Durchmesser des Herdeinsatzstutzens in cm
50 = Äußerer Durchmesser des Generators in cm
16 = Höhe des Gaserzeugers in dm

Der 25-PS-Deutz-Holzgas-Universalschlepper.

Der 25-PS-Lanz-Bulldog, Typ HO, für Holzgasbetrieb. (5)

Schnitt durch den Lanz-Bulldog-Gasschlepper mit Imbert-Gaserzeuger.

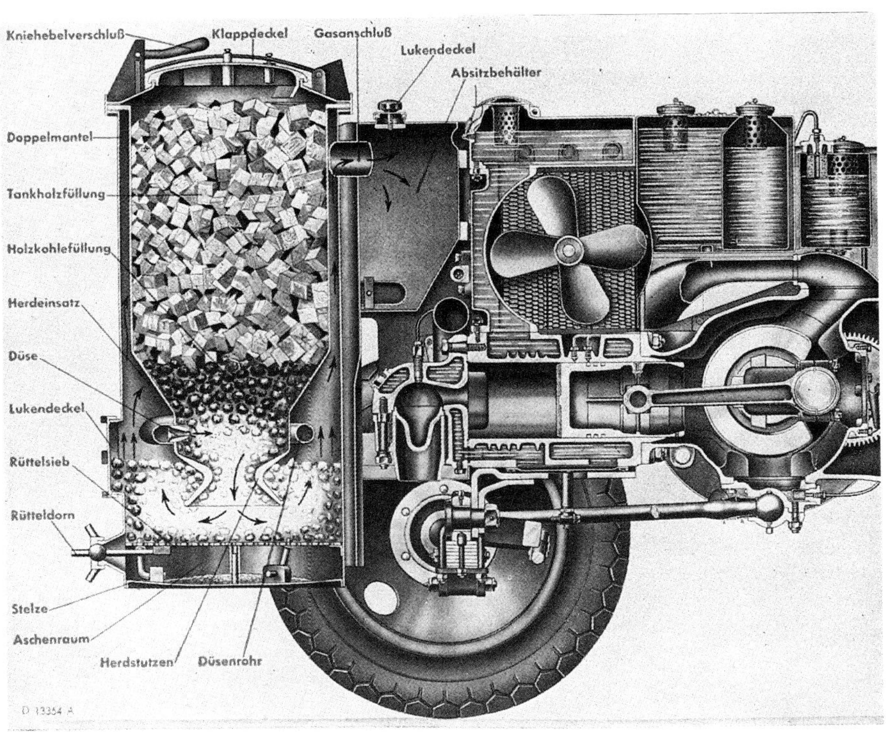

Famo-Holzgas-Ackerradschlepper wurden mit Imbert- und Einheitsgeneratoren ausgerüstet

Erste Versuche mit Schleppern, die mit Generatorgas betrieben wurden, wurden 1938/39 durchgeführt. Es stellte sich heraus, daß Ackerschlepper nicht einfach mit Generatoren nachgerüstet werden konnten, sondern daß Motor, Generator und auch Getriebe aufeinander abgestimmt sein mußten, damit der Landwirt einigermaßen wirtschaftlich arbeiten konnte. Der Leistungsabfall des Motors für flüssige Brennstoffe durch den Betrieb mit Holzgas um 20–30 Prozent, die Erhöhung des Schleppergewichtes durch den Gaserzeuger um 300 bis 500 kg, die hohen Umrüstungskosten und der große Wartungsaufwand standen bei diesen ersten Holzgas-Schleppern in keinem wirtschaftlichen Verhältnis zu den geringen Kraftstoffkosten des Dieselschleppers.
Ab 1940 mußten sich auch die deutschen Schlepperbaufirmen mit der Entwicklung von Generatorgas-Schleppern befassen. Von der Forschungsstelle für »Gasschlepper-Entwicklung« des »Reichskuratoriums Technik in der Landwirtschaft« wurde bis Mitte des Jahres 1941 ein Spezial-Holzgaserzeuger für Ackerschlepper entwickelt. Dieser Einheitsgenerator war zum nachträglichen Einbau in die in der Landwirtschaft vorhandenen Schlepper bzw. für den serienmäßig herzustellenden Gasschlepper vorgesehen. Dieser Einheitsgenerator bestand aus einzelnen Bauteilen verschiedener Firmen, wie Imbert, Zeuch, Wisco, Südgas, Miag und Deutz, die auch komplette Holzgas-Generatoren für Schlepper selbst herstellten.
Ab Juni 1942 wurde eine ganze Palette von Holzgas-Schleppern von verschiedenen Firmen entwickelt und produziert, die dann an die Bauern nur über Bezugsscheine abgegeben werden durften. In der Leistungsklasse bis 25 PS liefen die Motoren mit »reinem« Holzgas. Die stärkeren Schlepper und die Glühkopfmotoren arbeiteten nach dem Zweistoffverfahren, bei dem 30 Prozent flüssiger Brennstoff zur Einleitung des Zündvorganges und 70 Prozent fester Brennstoff für den eigentlichen Betrieb verwendet wurden.
Eine sehr gut durchdachte Konstruktion war der 25-PS-Deutz-Holzgas-Universalschlepper, der mit einem eigens dafür entwickelten 2-Zylinder-Gasmotor versehen war. Ein Fünfgang-Getriebe in kurzer Bauart ermöglichte einen Achsabstand von 1765 mm, der damit nicht nennenswert größer war als bei Schleppern herkömmlicher Bauart. Auch das Eigengewicht von ca. 2100 kg lag im Bereich der Dieselschlepper gleicher Leistung. Sehr praktisch waren die beiden auf den hinteren Kotflügeln angebrachten Vorratsbehälter für Holz, durch die die Auspuffgase geleitet wurden, wodurch das Holz trocknete, was wiederum eine bessere Vergasung zur Folge hatte.

Die Wirkungsweise der Holzgas-Generatoranlage

Die im Schlepperbau verwendeten Holzgas-Generatoren bestehen aus folgenden Bauteilen:
- Gaserzeuger
- Gaskühler
- Gasfilter
- Luft-/Gas-Mischer

Sie arbeiten als Sauggasanlagen mit absteigender Vergasung. Der nach unten hin trichterförmig verjüngte Gaserzeuger wird im unteren Teil mit Holzkohle und darüber mit trockenen Holzstücken gefüllt. Nach dem Anfachen der Holzkohle beginnt die Vergasung der Holzkohle. Durch den Saughub des Motors wird der Anlage brennbares Gas entzogen und gleichzeitig Frischluft durch die Feuerzone hindurchgeführt. Im oberen Teil des Füllschachtes wird das Holz durch die Verbrennungswärme vorgetrocknet. Der entstehende Wasserdampf wird durch das Feuerbett abgesaugt oder kondensiert an den kühleren Holz- und Wandungsteilen. Nach Beendigung der Trocknung beginnt die Vergasung und Verschwelung des Holzes, wobei neben Wasser auch Kohlensäure und Essigsäure frei werden. Bei Temperaturen von 280 bis 500 °C bilden sich Teer, Methanol und andere Kohlenwasserstoffe sowie Holzkohle. Die Holzkohle und mit ihr die Verschwelungsprodukte gelangen nun in den Herd. Dort reagieren sie mit der einströmenden Luft, wobei die Holzkohle zu Kohlenmonoxid und Kohlendioxid unter Abgabe von Wärme verbrennt. Im Herd ist eine Temperatur von 1200 °C vorhanden. Die entstehenden Reaktionsprodukte Kohlensäure, Essigsäure, Teer und Wasserdampf werden durch Saughub durch die glühende Holzkohle hindurchgezogen und reagieren zu den brennbaren Gasen Wasserstoff und Kohlenmonoxid. Auch die anderen Verschwelungsprodukte, besonders Teer und Essigsäure, die dem Motor schaden, werden ebenfalls zu brennbaren Gasen aufgespalten oder verkrackt. Voraussetzungen für diese chemischen Reaktionen sind ausreichende Temperatur und genügende Reaktionsfläche in Form glühender Holzkohle, durch die das Gas hindurchströmen muß. Das entstehende Holzgas mit einem durchschnittlichen Heizwert von 1200 bis 1400 kcal/Nm^3 wird gereinigt, abgekühlt und gefiltert. Über einem Gas-/Luftmischer wird das Gas mit der zur Verbrennung benötigten Luft vermischt. Die Menge der Zusatzluft wird durch eine Drosselklappe, die durch einen Bowdenzug vom Führersitz aus betätigt wird, eingestellt. Die Gemischmenge und somit auch die Drehzahl werden durch Betätigung eines Fußhebels geregelt.
Durch die aufwendige und teure Umstellung der in der Landwirtschaft befindlichen Ackerschlepper auf Holzgasbetrieb und durch den Einsatz der wenigen nach 1942 gebauten Holzgas-Schlepper konnte die Produktion von landwirtschaftlichen Erzeugnissen in den letzten Kriegsjahren einigermaßen aufrechterhalten werden. Die bäuerlichen Klein- und Mittelbetriebe aber setzten zwangsläufig wieder vermehrt Gespanntiere, wie Pferde, Ochsen und auch Kühe, für Feld- und Transportarbeiten ein. Sobald nach dem Kriege wieder flüssiger Treibstoff zur Verfügung stand, wurden die Holzgas-Schlepper wieder auf Diesel- oder Benzinbetrieb umgestellt. Die Firma Normag hielt noch lange nach dem Kriege an einem Schlepper für »heimische Brennstoffe« fest und bot noch im Jahre 1948 auf der Industrie-Messe in Hannover einen Ackerschlepper für Holzgasbetrieb an.

Generatorgas-Schlepper (Auswahl) Stand: November 1942

Typ	Motorleistung (PS)	Art des Verfahrens	Gaserzeuger	Holzverbrauch (kg/PS/h)	Betriebsdauer einer Füllung (Std.)
Faun-Straßenschlepper	150	Zweistoff	Deutz	0,8	1–2
Hanomag »Gigant«	100	Einstoff	Imbert	0,7	1–2
Lanz-Eilbulldog	55	Zweistoff	Imbert	0,8–1	2–2,5
Famo »Rübezahl«	60	Zweistoff	Einheits	0,6	3
MBA SA 754	35	Einstoff	Einheits	–	3,5
Deutz	25	Einstoff	Deutz	1	2,5
Güldner	25	Einstoff	Einheits	0,8–1	3
Kramer	25	Einstoff	Einheits	0,5–0,7	2,5–5
Schlüter	25	Einstoff	Einheits	0,6	3
Lanz	25	Zweistoff	Imbert	0,8–1	1,5–2
Miag-Straßenschlepper	25	Einstoff	Miag	0,6	2
IHC	15	Einstoff	Einheits	1	2,75

Der Lanz-Bulldog mit Imbert-Gaserzeuger und Anhängepflug im Einsatz. (5)

Links: Anzeige 1942 (30)

Rechts: Anzeige 1942 (30)

Unten: 25-PS-Holzgasschlepper der Primus-Traktorengesellschaft mit Einheitsmotor und Einheitsgaserzeuger. (31)

Unten: Auch Raupenschlepper – hier der Famo »Boxer« – wurden mit Gaserzeugern ausgerüstet.

Fendt-Dieselroß mit Holzgasgenerator (8)

Der Eicher-Holzgasschlepper (7)

Ein neuer Anfang

Der Zweite Weltkrieg war zu Ende. Deutschland und das übrige Europa lagen in Trümmern. Die meisten Industriebetriebe auf deutschem Boden waren zerstört oder wurden auf Anordnung der Siegermächte demontiert. So erging es auch der Landmaschinenindustrie. Bei Deutz und Lanz lagen über drei Viertel der Produktionsanlagen in Schutt und Asche. Von den vielen Werkzeugmaschinen waren nur noch wenige funktionsfähig.
Auch die Hanomag in Hannover war durch mehrere Luftangriffe in den letzten Kriegsmonaten zum großen Teil zerstört worden. Wie in anderen Betrieben war auch hier an die Wiederaufnahme der Produktion vorerst nicht zu denken. Nur langsam kehrte in den halbzerstörten Werkshallen wieder Leben ein. Soweit es die Besatzungsmächte zuließen, wurde mit der Herstellung der dringend benötigten Ersatzteile der 140000 in Deutschland noch vorhandenen Schlepper begonnen. Schon 1945, nach Freigabe der Betriebe, begann man mit dem Zusammenbau der ersten Schlepper, die überwiegend aus den noch vorhandenen Teilen in Handarbeit gefertigt wurden. So gehört neben Ritscher und Normag auch die Hanomag zu den ersten Firmen, die kurz nach Kriegsende die Produktion von Ackerschleppern wieder aufnahmen. Der Hanomag-Schlepper Typ R 40 wurde über Bezugsscheine an die Bauern abgegeben, die drei Viertel des Kaufpreises bei Bestellung bezahlen konnten. Doch diese wenigen zur Verfügung stehenden Schlepper konnten die Not in Stadt und Land nicht lindern. Millionen von Flüchtlingen drängten nach Westen und suchten hier Unterkunft, Arbeit und Brot. Doch Demontage, Zuteilungszwang und Rohstoffmangel gaben kaum die Möglichkeit zur industriellen Produktion. Die deutsche Landwirtschaft benötigte aber dringendst neue landwirtschaftliche Geräte und Maschinen, besonders Ackerschlepper, um den lückenhaften und überalterten Bestand aufzufüllen. 1946 wurden von den fünf Firmen Deutz, Hanomag, IHC, Normag und Ritscher zusammen 1698 Ackerschlepper und 305 Straßenschlepper gebaut. Auch ein Jahr später waren es mit 1983 Einheiten nur unbedeutend mehr, obwohl die Firmen Eicher, Fendt, Güldner, Lanz, Primus und Schlüter im selben Jahr die Produktion von Ackerschleppern wieder aufnahmen. Viele dieser Schlepper wurden auch noch nach 1945 mit Holzgas-Anlage geliefert, die besonders in der französischen Besatzungszone ihren Absatz fanden. So bauten Normag und Fahr noch weit in das Jahr 1948 hinein Holzgas-Schlepper, denn nur diese konnten infolge der großen Kraftstoffknappheit voll eingesetzt werden.

Prof. Helmut Meyer errechnete 1947 in seiner Veröffentlichung »Die Motorisierung der Landwirtschaft« für die drei westlichen Besatzungszonen einen Bedarf von ca. 310000 Ackerschleppern und teilte sie in vier Leistungsklassen ein:

11 bis 15 PS	177280 Schlepper
20 bis 25 PS	108140 Schlepper
30 bis 35 PS	20515 Schlepper
bis 40 PS	3600 Schlepper

Vorhanden waren aber nur insgesamt rd. 67000 in den folgenden Leistungsklassen:

11 bis 15 PS	17100 Schlepper
20 bis 25 PS	34000 Schlepper
30 bis 35 PS	9300 Schlepper
bis 40 PS	6600 Schlepper

Allein der jährliche Ersatzbedarf hätte bei einer Lebensdauer von 12 Jahren rd. 26000 Schlepper betragen. Doch die seinerzeitige Fertigung lag weit unter diesem Bedarf.
Erst mit der Währungsreform am 20. Juni 1948 und dem Neubeginn mit der Deutschen Mark erfolgte auch eine langsame, aber stetige Erholung der deutschen Wirtschaft. So lag die Produktion von Ackerschleppern in diesem Jahr bei über 4000 Einheiten. Auch die Zahl der Hersteller war gegenüber dem Vorjahre stark angestiegen.

Der Hanomag R 40, einer der erfolgreichsten Schlepper der Kriegs- und Nachkriegszeit. (9)

Alte und neue Konstruktionen

Die deutsche Schlepperindustrie begann zunächst mit der Fertigung der bewährten Typen der Vorkriegs- und Kriegszeit: Lanz bot den Bulldog mit 25, 35, 45 und 55 PS Leistung an. Deutz fertigte drei Schleppertypen mit wassergekühlten Motoren. Der 11-PS-Deutz-Bauernschlepper wurde jetzt mit Viergang-Getriebe geliefert, wodurch eine Höchstgeschwindigkeit von 15 km/h ermöglicht wurde. Der 35-PS-Deutz-Dieselschlepper war mit dem bewährten langhubigen 2-Zylinder-Dieselmotor bestückt. Der 50-PS-Deutz besaß einen 3-Zylinder-Dieselmotor der gleichen Bauart. Die Hanomag hatte ab 1948 die in den Kriegsjahren bewährten Acker- und Straßen-Radschlepper von 20 bis 100 PS wieder im Programm. Im Frühjahr 1949 wurde auch der 50 PS starke Diesel-Kettenschlepper mit der Typenbezeichnung KV 50 mit in die Produktion aufgenommen. Die Famo hatte durch die Teilung Deutschlands die gesamten Produktionsstätten in Breslau verloren. Auch im Auslagerungswerk in Schönebeck an der Elbe war an eine Produktion von Schleppern vorerst nicht zu denken. Fast alle Werkzeugmaschinen waren demontiert worden.
Doch nicht nur die großen Schlepperfabriken lieferten kurz nach dem Kriege wieder Maschinen, sondern auch die vielen kleineren Betriebe, wie Eicher, Fendt, Schlüter, Primus, Güldner, Normag, Lanz (Aulendorf), Deuliewag, Wahl und Zettelmeyer bauten wieder die bewährten Modelle der Kriegszeit, wenn auch in geringen Stückzahlen.

Ritscher-Greiferketten

verleihen dem Radschlepper die **Eigenschaft des Raupenschleppers.**

Kurzfristig lieferbar!

Karl Ritscher GmbH.
Sprötze Krs. Harburg

Tel. Buchholz Krs. Harburg
461

Anzeige 1949

Der Hanomag R 40 mit Anbauraupe und Ritscher-Grabenreinigungsgerät. (3)

Der Unimog und andere neue Schlepper der Nachkriegszeit

Als eine der ersten Neukonstruktionen der Nachkriegszeit erschien Ende 1946 der Unimog. Dieses Universal-Motor-Gerät war sowohl Ackerschlepper als auch Straßenzugmaschine und unterschied sich im Aufbau von allen bisherigen auf dem Markt befindlichen Schleppern. Viele neue Ideen wurden bei dieser Maschine verwirklicht, deren herausragende Eigenschaften folgende waren:

Allradantrieb und Differentialsperren vorn und hinten
gefederte Achsen
50 km/h Höchstgeschwindigkeit
Rahmenbauart
Ladefläche mit 1 t Tragfähigkeit
zweisitziges Fahrerhaus mit geschlossenem Verdeck
Geräteanbau-Möglichkeit vorn, mitte, seitlich und hinten
Zapfwellenbetrieb vorn, mitte und hinten

Der erste Prototyp dieser Maschine, deren Entwicklung bis in das Jahr 1945 zurückgeht, wurde bei einer Schmuckwarenfabrik in Schwäbisch Gmünd gebaut. Im Herbst 1948 begann man bei der Firma Boehringer in Göppingen mit der Serienfertigung des Unimogs, da die Herstellung in größerer Stückzahl in der Schmuckwarenfabrik nicht möglich war. Als Antrieb diente ein ebenfalls neuentwickelter 4-Zylinder-Daimler-Benz-Dieselmotor, der für den Unimog auf 25 PS Leistung reduziert wurde. In den nachfolgenden Jahren wurde der Unimog laufend weiterentwickelt und konnte bald mit einem umfangreichen Zubehörprogramm angeboten werden.

Eine weitere Neukonstruktion der Nachkriegszeit war der 25-PS-MAN-Ackerdiesel, der mit Zwei- oder Vierrad-Antrieb geliefert werden konnte. Beim Allradschlepper wurde die vordere Triebachse von einer Vorgelegewelle des Getriebes über eine Gelenkwelle zuschaltbar angetrieben. Der MAN-4-Zylinder-Dieselmotor mit Direkteinspritzung leistete bei 1500 U/min 25 PS. Der angegebene spezifische Kraftstoffverbrauch war mit 170 g/PSh sehr gering.

Ebenfalls stark beachtet wurde der Schlepper der Fahrzeugbau Alpenland GmbH in Wolfratshausen, südlich von München, wegen der Vierradlenkung. Dieser Schlepper konnte mit einer speziellen Kupplung starr mit der Vorderachse eines Zweiachs-Anhängers verbunden werden. Durch die Betätigung des mechanischen Krafthebers konnte die Vorderachse des Schleppers so stark entlastet werden, daß sie sich anhob. Das Gesamtgewicht des Schleppers und rund 40 Prozent des Anhängergewichtes lasteten nun auf der Hinterachse; dadurch wurde die Zugkraft wesentlich erhöht. Die Lenkung dieses nunmehr Dreiachs-Fahrzeuges erfolgte durch Einschlag der Hinterräder. Doch dieser technisch sehr interessante Schlepper, der durch die Vierradlenkung auch für das Arbeiten am Hang sehr gut geeignet war, besaß viele »Kinderkrankheiten« und verschwand bald wieder vom Markt.

Nach der Währungsreform kam auch der 12-PS-Kleinschlepper der Hermann Zanker KG in Tübingen auf den Markt. Dieser Schlepper war mit einem 1-Zylinder-Zweitakt-Dieselmotor eigener Bauart mit Direkteinspritzung ausgestattet. Der Hubraum betrug 1020 ccm. Zu diesem Schlepper entwickelte Zanker auch ein eigenes Viergang-Getriebe. Ende 1949 übernahm die Landmaschinenfabrik Bautz in Saulgau diese Produktion.

Die schwäbische Firma Allgaier in Uhingen entwickelte in den Jahren 1946/47 einen einfachen, aber sehr robusten Bauernschlepper in Rahmenkonstruktion. Als Motor diente ein liegender 1-Zylinder-Viertakt-Dieselmotor mit Verdampfungskühlung, der in Zusammenarbeit mit der Maschinenfabrik Kaelble in Backnang konstruiert wurde. Die Kraftübertragung des 18 PS starken Motors auf das Viergang–Getriebe eigener Fertigung erfolgte mit drei Keilriemen. Diese Nachkriegskonstruktion entsprach den Vorstellungen der Bauern in der damaligen Zeit, die einen einfachen, robusten und preiswerten Schlepper verlangten. Dem Typ R 18 folgte der Typ A 22 mit um 4 PS erhöhter Motorleistung und größerer Bereifung. Allgaier stand im Jahre 1949 – nur zwei Jahre nach Beginn der Serienproduktion – an vierter Stelle im deutschen Schlepperbau. 1950 nahm Allgaier auch den Bau des von Porsche entwickelten Volksschleppers auf.

Beschreibung des Allgaier-Ackerschleppers, Typ R 18

Aufbau:	Rahmenkonstruktion
Motor:	1-Zyl.-Viertakt-Wirbelkammer-Dieselmotor liegender Bauart, Bohrung 125 mm, Hub 150 mm, Hubraum 1840 ccm, Leistung 18 bis 20 PS bei 1500 U/min., Verdampfungskühlung
Getriebe:	Wechselgetriebe mit vier Vorwärtsgängen und einem Rückwärtsgang, Höchstgeschwindigkeit 17,6 km/h, Differentialsperre, Mäh- und Zapfwellenantrieb
Gewicht:	ca. 1650 kg
Preis:	5695,– DM (Nov. 1949)

Oben: Der 25-PS-Lanz-Allzweck-Bulldog mit Frontlader der Firma Wittenburg.

Rechte Seite: Der 55-PS-Lanz-Bulldog war der stärkste Bulldog mit Glühkopfmotor. (5)

LANZ
BULLDOG
LANZ
D 18040

Oben: Vom Güldner-Ackerschlepper, Typ A 28 mit 28-PS-2-Zylinder-Güldner-Dieselmotor und ZA-Triebwerk wurden von 1946–50 ca. 1100 Exemplare gebaut. (14)

Rechts: Prospekt 1948 (3)

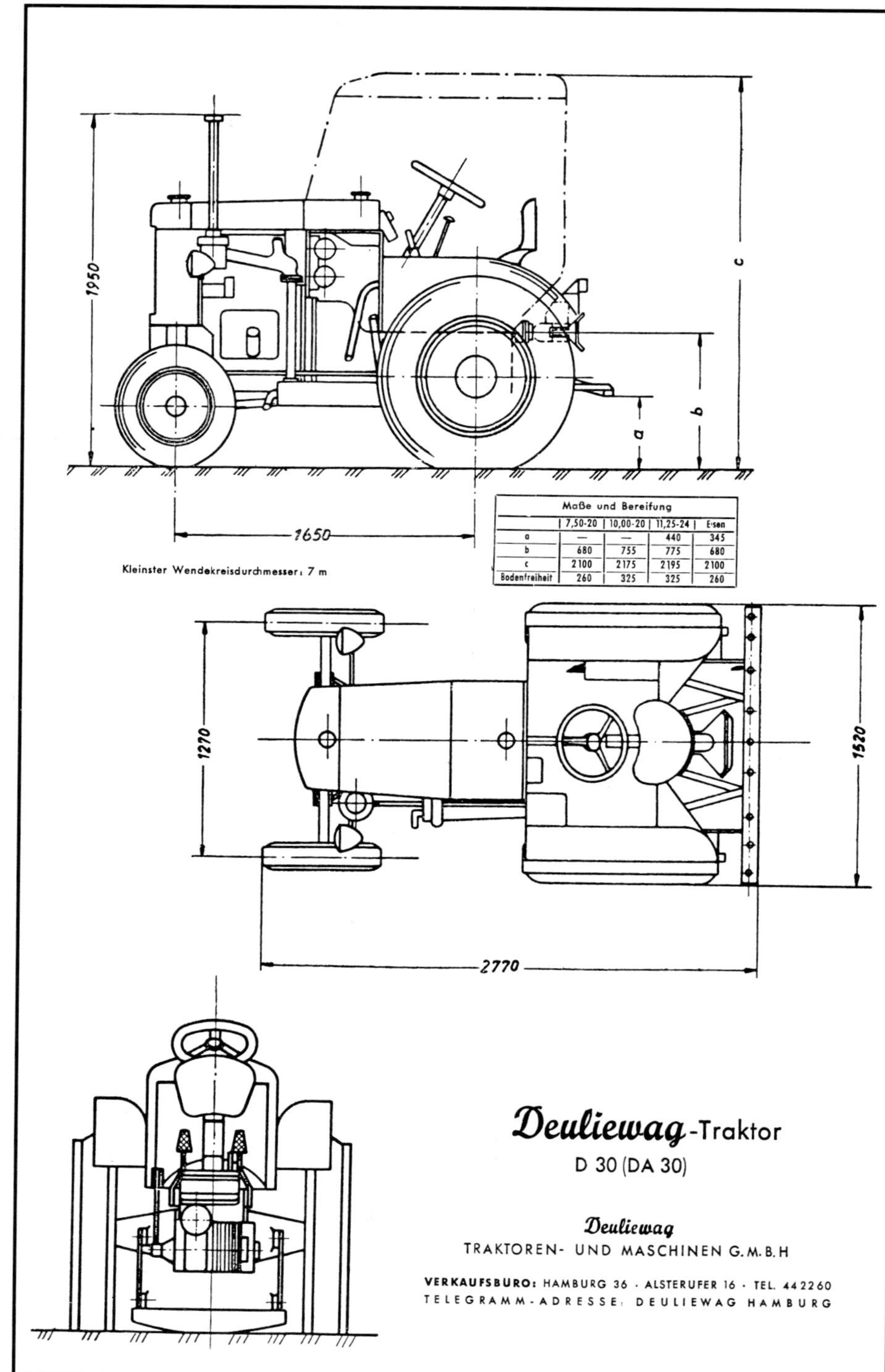

Rechte Seite: Das Fendt-Dieselroß, Typ F 18 H von 1948 mit liegendem 1-Zylinder-Deutz-Dieselmotor, Typ MAH 916, mit 16 PS Leistung. (8)

F18H

Linke Seite: Der 25-PS-Unimog, eine der ersten Neukonstruktionen der Nachkriegszeit. (4)

Der 22-PS-Hela-Dieselschlepper, Typ D 47, mit 2-Zylinder-MWM-Dieselmotor. (13)

Oben: Der 15-PS-Alpenland-Schlepper mit Vierradlenkung. (49)

Oben: Der 12-PS-Zanker-Ackerschlepper besaß einen 1-Zylinder-Zweitakt-Dieselmotor eigener Bauart. (22)

Rechts: 25-PS-MAN-Ackerdiesel-Schlepper mit Allradantrieb, Typ AS 325. (17)

Rechts: Der Allgaier R 18 von 1949. (21)

Oben: Anzeige 1949 (49)

Vom Armeefahrzeug zum Ackerschlepper

Ganz neue Wege im Schlepperbau gingen kurz nach Ende des Krieges verschiedene Konstrukteure und Tüftler, die in dieser entbehrungsreichen Zeit aus ausgemusterten amerikanischen Armeefahrzeugen leichte Kleinschlepper bauten. So begann schon im Jahre 1947 in Hamburg der Ing. Georg R. Wille mit dem Bau eines Kleinschleppers aus gebrauchten Jeep-Teilen. Wille und seine Mitarbeiter nahmen vom amerikanischen Jeep die Achsen samt Rädern, das Getriebe, die Lenkung und diverse andere Teile und bauten daraus einen Kleinschlepper. Die ungefederten Achsen und das Achtgang-Getriebe wurden zu einem Rahmen zusammengesetzt und der Achsabstand auf 140 cm verkürzt. Der Allradantrieb wurde beibehalten und gab so dem nur 750 kg leichten Fahrzeug noch beachtliche Zugleistungen. Stolz nannte Wille seine Nachkriegs-Schlepperkonstruktion »Gerwi-Motor-Stier«. Anstelle des 54 PS starken Jeep-Motors wurden anfangs 12 bis 15 PS starke Benzinmotoren eingebaut. 1949 ging man zum Einbau der wirtschaftlicheren Dieselmotoren der Firmen Bauscher, Deutz, Hatz und Zanker über. Die Traktorenwerke Georg R. Wille, Hamburg, gingen später in die Nordtrak – Norddeutsche Traktorenfabrik Franz Westermann, Hamburg, über, die den Konstruktionsgedanken von Wille im Nordtrak-Stier-Schlepper erfolgreich weiterführte.

Auf der Basis des Jeeps und anderer amerikanischer Heeresfahrzeuge boten zu dieser Zeit fast ein Dutzend kleiner und kleinster Firmen ihre Umbauten an, so z. B. BTC, Urus, Kiefel, NAM. Die BTC – Bavarian Truck Company, München, übernahm das komplette Jeep-Chassis samt Vorder- und Hinterachse. Eingebaut wurde der 1-Zylinder-Deutz-Dieselmotor, Typ F1M 414 mit 11 PS. Urus – Groß-Hessische Truck Company, Wiesbaden, baute aus Teilen amerikanischer LKW einen robusten, 15 PS starken Allradschlepper. Fast zwei Drittel des Schleppergewichtes ruhten auf der Vorderachse und verhinderten bei starkem Zug das Aufbäumen des Schleppers. Es gab auch ernsthafte Versuche, das Wehrmachts-Kettenkrad als Schlepper in der Landwirtschaft einzusetzen.

Aus Teilen ausgemusterter amerikanischer Armeefahrzeuge baute die Hamburger Landmaschinenfabrik G. R. Wille kurz nach dem Kriege Kleinschlepper mit Allradantrieb. (3)

Die Luftkühlung

Unmittelbar nach Kriegsende begannen die Brüder JOSEF und ALBERT EICHER in Forstern/Obb. mit der Entwicklung eines luftgekühlten Schlepper-Dieselmotors. Beide Konstrukteure hatten Erfahrungen im Bau von luftgekühlten Motoren sammeln können, da sie in den letzten Kriegsjahren in ihrer Schlepperfabrik luftgekühlte Flugzeugmotoren für die Wehrmacht herstellen mußten. 1948 lief der erste Eicher-Schlepper mit luftgekühltem 1-Zylinder-Viertakt-Dieselmotor mit 16 PS Leistung vom Band. Der luftgekühlte Dieselmotor hatte gegenüber dem wassergekühlten verschiedene Vorteile, wie z. B. niedrigeres Gewicht, einfachere Wartung, bessere thermische Eigenschaften. Nach dem Erscheinen des ersten luftgekühlten Schlepper-Dieselmotors gab es zwischen den Anhängern der beiden Kühlsysteme sowohl bei den Konstrukteuren als auch bei den Landwirten über zwei Jahrzehnte lang heftige Kontroversen und Diskussionen. Heute nehmen beide Kühlsysteme gleichberechtigte Plätze im Motorenbau ein.

Dem Beispiel der Firma Eicher folgte ein Jahr später die Maschinenfabrik Stihl in Waiblingen/Württ. mit dem luftgekühlten Diesel-Kleinschlepper. STIHL war zu dieser Zeit bekannter Hersteller von Motorsägen und Stromaggregaten, die von luftgekühlten Otto-Motoren eigener Bauart angetrieben wurden. Für den Stihl-Allzweck-Schlepper wurde ein luftgekühlter Dieselmotor mit 12 PS Leistung entwickelt, der nach dem Zweitakt-Verfahren mit Kurbelkastengleichstromspülung und einem Auslaßventil arbeitete. Ebenso fortschrittlich und auch leichtgewichtig wie der Motor war auch der Aufbau des nur 750 kg schweren Schleppers. Motor und Dreigang-Getriebe mit Portal-Hinterachse waren durch ein kräftiges Mittelrohr verbunden. Damit wurden u. a. gute Bodensicht und der Anbau von Bodenbearbeitungsgeräten zwischen den Achsen ermöglicht. Zu diesem Zweck konnte die hintere Ackerschiene zwischen den Achsen angebracht werden. Damit der Landwirt auch weiterhin die gespanngezogenen Anhänger benutzen konnte, bot Stihl die Möglichkeit, den Schlepper anstelle des Pferdes zwischen den Holmen des sonst gespanngezogenen Anhängers zu befestigen. Vorhanden waren ferner Zapfwelle, Mähwerk und auch Riemenscheibe.

Mitte 1950 wurde der 15-PS-Deutz-Schlepper mit Luftkühlung vorgestellt, der 1951 den wassergekühlten 11-PS-Bauernschlepper ablöste. Die Klöckner-Humboldt-Deutz AG (KHD) entwickelte für diesen Schlepper einen Motor aus einer Baureihe mehrzylindriger, luftgekühlter Dieselmotoren, die während des Krieges in Kettenschlepper eingebaut worden waren. Der

Oben: Luftkühlung, Leichtbauweise und hohe Bodenfreiheit zeichneten die moderne Konstruktion des Stihl-Allzweck-Dieselschleppers aus. (3)

Links: Der 1-Zylinder-Eicher-Dieselmotor mit Luftkühlung. (3)

Unten: Der 15-PS-Deutz-Bauernschlepper vor dem Dresch-Kasten. (3)

Anzeige 1951 (49)

1-Zylinder-Viertakt-Dieselmotor mit der Typenbezeichnung FIL514 arbeitete nach dem Wirbelkammerverfahren und leistete bei 1650 U/min 15 PS. Die Kühlung erfolgte durch ein Axialgebläse. Dieser erste luftgekühlte Deutz-Dieselschlepper erhielt zunächst das Viergang-Getriebe seines wassergekühlten Vorgängers. Ein Jahr später wurde der Schlepper mit Fünfgang-Getriebe und größerer Bereifung geliefert, was eine Höchstgeschwindigkeit von 23 km/h ermöglichte. Ein umfangreiches Zubehörprogramm, das von der Riemenscheibe bis zur Ansteckraupe reichte, machte diesen Schlepper zu einer vielgekauften Universalmaschine. Dem 15-PS-Deutz folgte im gleichen Jahr ein 28 PS starker Schlepper mit luftgekühltem 2-Zylinder-Dieselmotor.

Porsches »Volksschlepper« mit Luftkühlung

1950 kam noch ein weiterer Schlepper mit luftgekühltem Dieselmotor auf den Markt, der Allgaier-Schlepper, Typ AP 17, System Porsche. Schon ein Jahr vorher verhandelte Allgaier mit der Firma Porsche über die Lizenzproduktion des 1937 von Prof. Ferdinand Porsche konzipierten und bis 1947 weiterentwickelten »Volksschleppers«. Porsche entwickelte und baute während des Krieges verschiedene Schlepperarten mit luftgekühlten 2-Zylinder-Motoren. So sollte nach den Plänen von Hitler der Volksschlepper in einer Fabrik riesigen Ausmaßes – ähnlich dem Volkswagenwerk – hergestellt werden. 1946 entwickelten die Porsche-Ingenieure einen 17 PS starken Schlepper mit luftgekühltem 2-Zylinder-Dieselmotor und führten damit verschiedene offizielle Versuche durch. Dieser Schlepper war das Vorbild der späteren Allgaier-Porsche-Schlepper, die ab 1950 von den Allgaier-Werken nach modernsten Fertigungsmethoden in einem eigens dafür eingerichteten Werk in Friedrichshafen am Bodensee produziert wurden. Auf der 40. DLG-Ausstellung 1950 in Frankfurt war der AP 17 sowohl technisch als auch preislich eine Sensation. Dieser Schlepper mit nur 950 kg Eigengewicht verfügte über eine ölhydraulische Kupplung für leichtes Schalten und stoßfreies Anfahren. Auf Wunsch konnte er auch mit hydraulischem Kraftheber geliefert werden. Der Motor war mit einer Ölreinigungsschleuder ausgestattet. Der Preis wurde 1950 auf der DLG-Ausstellung mit DM 4450,– angegeben. Daraufhin hatten die Firmen Fahr und Fendt am zweiten Ausstellungstag den Preis ihrer Schlepper um DM 800,– herabgesetzt. Mit dem Erscheinen des AP 17 geriet der gesamte Schleppermarkt in Bewegung, der harte Konkurrenzkampf um die Marktanteile begann.

Rechts oben:
Erwin Allgaier, Ferry Porsche, Prof. Ferdinand Porsche und Oskar Allgaier bei der Vorstellung des luftgekühlten »Volksschleppers«, der ab 1950 bei der Firma Allgaier unter der Typenbezeichnung AP 17 ein großer Erfolg wurde. (19)

Die ersten luftgekühlten Dieselschlepper

Fabrikat	Typ	Motor	Zyl.	Arbeitsweise (Takte)	Bohrung x Hub (mm)	Hubraum (cm³)	Drehzahl (U/min)	Leistung (PS)	Verdichtung
Eicher	ED 16	Eicher	1	4	110 x 140	1330	1500	16	1:17
Stihl	140	Stihl	1	2	90 x 120	763	1850	12	1:16
Deutz	F1L 514	Deutz	1	4	110 x 140	1330	1650	15	1:18
Deutz	F2L 514	Deutz	2	4	110 x 140	2660	1550	28	1:18
Allgaier	AP 17	Allgaier/Porsche	2	4	90 x 108	1374	2000	18	1:19

Tüftler am Werk

Die ersten Nachkriegsjahre brachten – da Not erfinderisch macht – Bastler, Tüftler und auch kleinere Maschinenfabriken auf den Plan, mit manch unüblicher und kurioser Schlepperkonstruktion auf den Markt zu gehen.
Die Maschinenfabrik Dolmar in Hamburg entwickelte einen dreirädrigen Kleinschlepper für die Forstwirtschaft, der von einem Motorsägen-Motor angetrieben wurde. Laut Hersteller konnte der Sägenmotor in wenigen Minuten zur Antriebsmaschine des Schleppers umgebaut werden.
6,5 PS leistete der dreirädrige Kleinschlepper der Firma Buchholz in Liebenau (Niedersachsen), der wie ein Pferd mit Zügeln gesteuert werden konnte.
Viele gute Konstruktionsmerkmale besaß der Kleinschlepper »Fix« der Wanner Maschinenbau in Wangen/Allgäu. Das Vierradfahrzeug verfügte über einen 6,5-PS-Vergasermotor. Das Sechsgang-Getriebe bot gute Geschwindigkeitsabstufungen bis zur Höchstgeschwindigkeit von 20 km/h. Ein seitlich angebrachtes Mähwerk war ebenso vorhanden wie eine kleine Ladefläche vor dem Fahrer.
Ähnlich aufgebaut wie der Wanner »Fix« war auch die Ackerbaumaschine »Farmax«, die von der Gutbrod Maschinenbau GmbH, Plochingen/Württ., hergestellt wurde. Dieses Fahrzeug stellte eine Kombination aus LKW, Schlepper und Motormähmaschine dar. Der Farmax war ein Vierrad-Fahrzeug mit Hinterradantrieb, 10 bis 12 PS Vergaser- oder Dieselmotor, Zapfwelle und Mähwerk. Vor dem Fahrer befand sich eine Ladepritsche mit einer Tragkraft von 1000 kg. An die hintere Ackerschiene konnten verschiedene Bodenbearbeitungsgeräte angebracht werden.
Auch eine schon längst totgesagte Konstruktion tauchte wieder aus der Versenkung auf, der Tragpflug. Hersteller war die Hamburger Maschinenfabrik Hütter. Angetrieben wurde dieser klassische Tragpflug von einem liegenden 15-PS-Deutz-Dieselmotor.
Eigene Wege ging auch die Fahrzeugfabrik Hoffmann & Co., die in Hannover ab Mitte der 30er Jahre Straßenzugmaschinen herstellte. Ihr 22-PS-Ackerschlepper war mit Hinterachsfederung ausgerüstet. Viel Erfolg war der Firma mit dieser Konstruktion nicht beschieden, denn 1951 stellte sie die Produktion ein.
»Büffel« nannte die Firma Klauder in Maria-Thann/Allgäu ihren kleinen, 12 bis 14 PS starken Schlepper, in dem ein 1-Zylinder-Zweitakt-Hatz-Dieselmotor eingebaut war.
Auch die international bekannte Berliner Motorenfabrik Käm-

per produzierte nach dem Krieg einen Schlepper. Der formschöne Straßenschlepper mit durchgehenden Kotflügeln und Doppelsitzbank wurde von einem stehenden, 24 PS starken 1-Zylinder-Dieselmotor (Bohrung 120 mm, Hub 180 mm, 1350 U/min) eigener Bauart angetrieben.
Unter dem Namen »Dieselzwerg« fertigte die Firma Kühner & Berger GmbH im badischen Sasbach einen Dreirad-Schlepper mit hinterer Ladepritsche. Anbaumöglichkeiten an das 7,5 PS starke Fahrzeug gab es vorn, seitlich und hinten.
»Der Dieselzwerg vermag auf Grund seiner Leistung ein Pferd, einen Ochsen oder zwei Kühe zu ersetzen« – so versprach es zumindest die Werbung.
Es gab noch eine ganze Reihe verschiedenster Schlepper-Fabrikate, die genauso schnell wieder vom Markt verschwanden, wie sie aufgetaucht waren. Namen wie Burtzler, Ensinger, Kulmus, Schneider, Trabant, Weigold und Wotrak kennt heute kaum noch jemand.
Anfang der 50er Jahre war auf dem Schleppermarkt eine ähnliche Situation eingetreten wie in den Jahren nach der Weltwirtschaftskrise. Eine kaum zu übersehende Anzahl von Schleppern war auf dem Markt. Neben den vielen kleineren Betrieben, die ein bis drei Typen fertigten, boten die alteingesessenen Firmen ein umfangreiches Typenprogramm an, so allein Hanomag in den Jahren von 1949 bis 1953 ein Dutzend neuentwickelter Rad- und Kettenschlepper von 16 bis 90 PS. Doch auch z. B. Fahr, Lanz (Aulendorf) und Normag sowie verschiedene andere Hersteller hatten mindestens sechs verschiedene Schleppertypen im Bauprogramm.
Im ersten Halbjahr 1950 wurden in den drei westlichen Zonen fast 14000 neue Schlepper zugelassen. Damit war fünf Jahre nach Ende des Krieges der 1947 von Prof. Meyer ermittelte jährliche Bedarf von 26000 Schleppern erreicht.
Die Landtechniker forderten dringend eine Beschränkung der Typenvielfalt, um durch Großserienfertigung dem Landwirt preiswertere Schlepper anbieten zu können. Einzelne Firmen, wie z. B. Allgaier, Deutz und Hanomag, gingen dann langsam dazu über, Schlepper nach dem Baukastensystem zu fertigen, um somit viele gleiche Teile in Großserie preiswerter herstellen zu können.
Ein gutes Bild über den dichten »Schlepperwald« im ersten Halbjahr 1950 geben die nachstehenden Zulassungszahlen von fabrikneuen Schleppern wieder.

Zulassung fabrikneuer Schlepper im ersten Halbjahr 1950 (Auswahl)

Fabrikat	Anzahl der Typen	Motorleistung (PS)	Zulassungen
Allgaier	2	18–20	1342
Alpenland	1	15	129
Bautz/Zanker	1	12	57
Eicher	5	16–30	477
Fahr	6	15–30	583
Fendt	6	15–25	1809
Güldner	4	15–30	503
Hanomag	8	20–100	638
Deutz	4	11–50	1861
Kramer	4	12–28	664
Lanz, Aulendorf	4	14–28	406
Lanz, Mannheim	7	25–55	2148
MAN	2	25	396
Normag	3	15–25	593
Primus	4	11–35	189
Ritscher	4	15–24	97
Schlüter	4	15–28	519
Stihl	1	12	69
Zettelmeyer	2	22	55

Anzeige 1950 (43)

Unten: Anzeige 1949 (49)

Der 6,5 PS starke Kleinschlepper »Fix« der Firma E. Wanner in Wangen, Allgäu, bestand aus Teilen des amerikanischen Jeeps. (49)

Der Klauder-Dieselschlepper »Büffel« mit Hatz-Motor und ZF Viergang-Getriebe. (46)

Rechts: Zum »Dieselzwerg« der Kühner & Berger GmbH in Sasbach wurde ein umfangreiches Anbau- und Zubehörprogramm angeboten, hier z. B. mit einem 5-Zoll-Vorder-Mähwerk. (49)

Martin

Längsschnitt des Schlüter-Dieselschleppers DS 17

Linke Seite: Der 11-PS-Kleinschlepper der Otto Martin Maschinenbau in Ottobeuren mit Deutz-Dieselmotor. (16)

Längsschnitt des Schlüter-Dieselschleppers DS 17 (20)

Oben: Eine Weiterentwicklung des 15 PS Bauernbulldog von 1939 war der Typ D 5506, der erstmals 1950 vorgestellt wurde. (3)

Links: Prospekt von 1951 (21)

Der Hanomag R 25 wurde von 1948 bis 1950 in 2700 Exemplaren gebaut. (9)

Der Geräteträger

Die 50er Jahre waren neben einer fast unübersehbaren Zahl von Standard-Schleppern auch die Zeit mehrerer vielversprechender Schlepper-Neukonstruktionen, die alle zur »Vollmotorisierung« der noch mit Gespanntieren arbeitenden bäuerlichen Kleinbetriebe beitragen sollten. So überraschte Lanz 1951 auf der DLG-Ausstellung in Hamburg die Fachwelt mit dem »Alldog«, einem vielseitig verwendbaren Geräteträger. Als Antrieb diente ein 12 PS starker Triumph-Vergasermotor, der mit einem Fünfgang-Getriebe die hintere, lenkbare Motortriebachse des Fahrzeugs bildete. Die angetriebene Hinterachse war mit der lenkbaren Vorderachse durch einen doppelseitigen Rohrrahmen verbunden. Da alle vier Räder lenkbar waren, was besonders vorteilhaft für Arbeiten am Hang war, besaß der »Alldog« auch zwei Steuerräder. An dem Rohrrahmen konnten zwischen den in weitem Abstand voneinander angeordneten Achsen Geräte und Maschinen im vorderen Blickfeld des Fahrers oder eine hydraulisch nach vorn kippbare Ladepritsche mit Schnellverschlüssen angebracht werden. Lanz bot zu seinem Geräteträger ein umfangreiches Zubehör- und Bodenbearbeitungsprogramm an.
Ähnlich aufgebaut wie der »Alldog« war auch die ebenfalls auf der DLG-Ausstellung 1951 gezeigte Ruhrstahl-Landmaschine, die von der Ruhrstahl AG in Witten an der Ruhr gebaut wurde. Diese Maschine, deren Entwicklung bis in das Jahr 1948 zurückreichte, bestand aus zwei hochgekröpften Holmen, die die Arbeitsgeräte zwischen den Achsen aufnehmen konnten. Wie beim »Alldog« lagen die Geräte gut sichtbar vor dem Fahrer. Der Fahrersitz und der 22-PS-Henschel-Dieselmotor waren auf der Hinterachse angebracht. Herausragende Eigenschaften dieser Maschine waren: Einmannbedienung von Schlepper und Gerät, Geräteanbaumöglichkeiten vor der Vorderachse, zwischen den Achsen und hinter der Hinterachse. Auch zu diesem sehr vielversprechenden Geräteträger wurde ein umfangreiches Zubehörprogramm angeboten, so z. B. Hydraulik und Frontlader.
Dem Beispiel von Lanz und Ruhrstahl folgten dann Agria, Claas, Eicher, Fahr, Fendt, Ritscher und Wesseler mit ihren Geräteträgern. Diese Konstruktionen, außer der von Fendt, verschwanden alle wieder vom Markt. Fendt verwendete für seinen ab 1953 und bis heute in über 50000 Exemplaren gebauten Geräteträger nur einen Mittelholm, der die Vorderachse mit der hinteren Antriebsachse verband. Dies ermöglichte einen guten Bodenkontakt mit allen vier Rädern sowie eine außergewöhnliche Stand- und Hangsicherheit.

Oben: Der Lanz-»Alldog«-Geräteträger mit angebautem Zuckerrübenroder. (5)

Rechte Seite: Der Fendt-Geräteträger mit Zuckerrübenroder und aufgebautem Rübenbunker. (8)

FENDT

Oben: Ritscher in Sprötze bei Hamburg baute unter der Bezeichnung »Multitrac« einen Geräteträger mit vielen Anbaumöglichkeiten. (3)

Rechts: Anzeige 1952 (43)

Die Kettenschlepper

Nachdem erstmals 1913 in Deutschland mit dem amerikanischen Holt Caterpillar ein Kettenschlepper für die Bodenbearbeitung eingesetzt wurde, stand auch hier die Weiterentwicklung dieser Schlepperart nicht still. Kettenschlepper von Hanomag, Lanz und LHB/Famo wurden besonders für Ackerarbeiten mit großen Arbeitsbreiten und -tiefen sowie für den Einsatz auf schweren Böden verwendet. Nach dem Verlust der großen landwirtschaftlichen Flächen im Osten war nach dem Zweiten Weltkrieg das Einsatzgebiet dieser Schlepper stark eingeengt worden. Doch auch in den ersten Jahren nach dem Krieg waren Raupenschlepper unverzichtbar, so z. B. für Umbrucharbeiten, zum Tiefpflügen oder zum Einsatz auf druckempfindlichen Böden in moorigen oder sumpfigen Gegenden, wo sich der Raupenschlepper durch seinen geringen spezifischen Bodendruck besser als ein Radschlepper einsetzen ließ.

Nach dem Kriegsende entwickelte Hanomag seinen bewährten Kettenschlepper Typ K 50 erfolgreich weiter und bot der Land- und Forstwirtschaft verschiedene Kettenschlepper bis 90 PS an. Deutz kam erstmals 1953 mit einem 60 PS starken Kettenschlepper auf den Markt. Auch die von Famo aus Breslau kommenden Konstrukteure und Ingenieure der 1947 gegründeten Famo-Vertriebsgesellschaft entwickelten auf der Grundlage des Famo-»Boxer« einen 52/54 PS starken Kettenschlepper, der, ausgerüstet mit einem 4-Zylinder-Kämper-Dieselmotor, ab 1952 bei der Waggonfabrik Rathgeber AG in München gebaut wurde.

Bei der in Salzgitter neu gegründeten Linke-Hofmann-Busch Waggon-Fahrzeug-Maschinen GmbH wurde ab 1951 unter der Typenbezeichnung »Robot« eine 22 PS starke Leichtraupe entwickelt und gebaut. Mit dieser Kleinraupe war außer Zugarbeiten in Feld und Wald auch der sinnvolle Einsatz auf der Straße möglich, da der »Robot« mit Gummistollen auf den Ketten eine Höchstgeschwindigkeit von fast 20 km/h erlaubte. Doch die immer stärker werdenden Radschlepper verdrängten nach und nach die Kettenschlepper aus ihrem historisch gewachsenen Einsatzgebiet in der Landwirtschaft. Heute sind Kettenschlepper als Planierraupen und Schlepper als Radlader gleichberechtigte Helfer in der Bauwirtschaft.

Kettenschlepper für die Landwirtschaft

Fabrikat	Typ	Motor	Leistung (PS)	Gänge	Höchst-geschw. (km/h)	Eigen-gewicht (kg)	Spez. Boden-druck (kg/cm²)
Blanck & Söhne	Unirag	F&S 500 D	10	3 + 1	12,0	520	0,34
Deutz	F4L 514	Deutz F4L 514	60	5 + 3	7,5	5475	0,43
Famo/Rathgeber	Boxer	Kämper 4D10HN	52	4 + 1	7,2	4300	0,35
Famo/Rathgeber	G 36	Perkins L-4	36	4 + 2	9,1	3100	0,24–0,30
Hanomag	K 55	Hanomag D 57	55	3 + 1	6,9	4650	0,35–0,57
Hanomag	K 90	Hanomag D 93	90	5 + 4	9,6	8700	0,32–0,39
LHB	Robot	Modag R2V 212	22–24	5 + 1	19,4	1930	1,0
Titus, Worms	R 60	MWM RHS 418 Z	60	5 + 1	10,0		

Der Famo-Rathgeber-Kettenschlepper, Typ »Boxer« mit 52/54 PS starkem 4-Zylinder-Kämper-Dieselmotor. (3)

Die Leichtraupe »Robot« der Linke-Hofmann-Busch Waggon-Fahrzeug-Maschinen GmbH, Salzgitter-Watenstedt. (15)

Die Allradschlepper

Die Entwicklung des Allrad-Ackerschleppers setzte in Deutschland nach 1945 ein. Zwar gab es schon um 1910 einen Motorseilpflug mit Vierradantrieb, und auch die Heinrich Lanz AG baute ab 1923 einen Allrad-Ackerschlepper, doch war dieser Antriebsart kein großer Erfolg beschieden, da die Zeit für solche technisch aufwendigen Konstruktionen noch nicht reif war. Nach dem Kriege wurde die Entwicklung des Allradantriebs bei Schleppern aus zwei Richtungen begonnen. Eine ganze Reihe kleinerer Betriebe baute aus ausgemusterten Armeefahrzeugen kleine Allradschlepper mit vier gleich großen Rädern. Nachdem die Lagerbestände dieser Kriegsfahrzeuge aufgebraucht waren, wurden auch Achsen und Getriebe von inländischen Firmen verwendet. Die andere Entwicklungsrichtung wurde von MAN und Fendt eingeleitet. Beide Firmen zeigten 1949 Allradschlepper, bei denen auch die kleineren Vorderräder angetrieben wurden. MAN bot bis zur Einstellung ihrer Schlepperproduktion im Jahre 1963 neben hinterradangetriebenen Typen auch jeweils eine Ausführung mit Allradantrieb an und erwarb mit seinen Schleppern über die ganzen Jahre hinweg Marktanteile von vier bis fünf Prozent.

Einen 22 PS starken Allradschlepper mit vier gleich großen Rädern und Vorderradlenkung entwickelten die Motorenwerke Mannheim. Der vielbeachtete Prototyp wurde 1948 von verschiedenen Landtechnikern gründlich geprüft und fand überall Anerkennung. MWM entwickelte dieses Projekt aber nicht weiter, sondern die Deuliewag in Lübeck, die bis dahin Acker- und Straßenschlepper mit Hinterradantrieb gebaut hatte, übernahm die Fabrikation. 1950 erschien diese Firma mit dem 22 PS und später mit dem 25 PS starken Allradschlepper »Record« auf dem Markt. Das Gesamtgewicht des Schleppers lag mit zwei Dritteln auf der Vorderachse und mit einem Drittel auf der Hinterachse. Dadurch wurden Vorder- und Hinterachse beim Zug gleichmäßig belastet, so daß eine bessere Nutzung der Motorkraft erreicht wurde. Doch die Weiterentwicklung dieses Allradschleppers überstieg konstruktiv und finanziell die Kapazität dieses mittelständischen Betriebes, der 1952 die Schlepperproduktion einstellen mußte.

Rechts oben: Eine fortschrittliche Konstruktion war der Deuliewag »Record« D 25 V mit Allradantrieb. (2)

Rechts: Anzeige 1953 (43)

Der Holder-Cultitrac mit 12-PS-Holder-Dieselmotor, Allradantrieb und Knicklenkung. (21)

Der MAN-Vierrad-Ackerschlepper, Typ AS 325 A, mit 25-PS-MAN-Dieselmotor von 1951. (17)

Technische Daten des Deuliewag D 25 V »Record«

Bauform:	Allradschlepper in Blockbauweise mit pendelnder Vorderachse
Motor:	MWM KDW 415 Z, 25 PS
Getriebe:	Deuliewag, 6 Vor- und 2 Rückwärtsgänge, Differentialsperre
Geschwindigkeiten:	3,3 km/h bis 21,3 km/h
Bereifung:	6,50 X 32 oder 8,00 X 32 (vorn und hinten gleiche Größe)
Gewicht:	1950 kg

Einen ebenfalls stark kopflastigen Allradschlepper baute auch die BTG. Nordtrak bot eine ganze Palette von Allradschleppern mit vier gleich großen Rädern von 16 bis 48 PS an. Die Hamburger Firma fand allein in der Bundesrepublik jährlich rund 100 Käufer für ihre Schlepper. Doch all diese Firmen ereilte das gleiche Schicksal. Mit dem immer stärker werdenden Wettbewerb auf dem deutschen Schleppermarkt mußten sie aus wirtschaftlichen Gründen die Produktion einstellen. Deuliewag 1952, Nordtrak 1956, BTG 1958 und Urus 1959. Nur zwei Konstruktionen aus dieser Zeit haben sich bis heute erfolgreich auf dem Markt behaupten können, der Unimog und der Holder-Allradschlepper. 1951 entwickelte Holder einen vorderlastigen Kleinschlepper mit vier angetriebenen gleich großen Rädern und Knicklenkung. Die Antriebswellen wurden in Fahrzeugmitte gelenkig und untereinander um den Knickpunkt angeordnet. Diese Bauart, die auch heute in großen Schleppern mit Allradantrieb gebräuchlich ist, hat den Vorteil der großen Wendigkeit gegenüber der starren Bauweise. Der »Variomot« von Lanz (Aulendorf) war ein Kleinschlepper mit zwei starren Achsen und vier über Ketten angetriebenen gleich großen Rädern. Gesteuert wurde dieses Spezialfahrzeug durch Lenkbremse, ähnlich wie bei Kettenschleppern.

Rechts oben: Der 75 PS starke Güldner-Schlepper, Typ G 75 A, mit Allradantrieb. (14)

Rechts: Hela Schmalspurschlepper »Varimot« mit 14 PS und Allradantrieb. (13)

Allradschlepper

Fabrikat/Typ	Motorleistung (PS)	Motor-hersteller	Gänge	Bereifung V = vorn	H = hinten
BTG P 32	32	Perkins	6 + 1	8 x24	V + H
Deuliewag D 25 V	25	MWM	6 + 2	6,5x32	V + H
Eicher ED 26 A	26	Eicher	5 + 1	9 x24	V + H
Holder A 12	12	Sachs	4 + 2	5 x16	V + H
Lanz (Aulendorf) »Varimot«	11	Farny & Weidmann	5 + 1	4 x19	V + H
MAN AS 325	25	MAN	5 + 1	9 x24	H
MAN D 40 A	40	MAN	9 + 2	13 x30	H
Nordtrak St 18	16	Hatz	5 + 1	8 x24	V + H
Nordtrak St 480	48	MWM	8 + 4	11 x28	V + H
Sulzer S 30 AL	30	Deutz	5 + 1	8 x24	V + H
Urus, Bambi	12	Ilo	4 + 4	6 x24	V + H
Unimog	25	Daimler-Benz	6 + 2	6,5x32	V + H

Der 12-PS-Allgaier A 111, System Porsche, kostete 1952 nicht mehr als drei Pferde. (1)

Von der Zugmaschine zum Allzweckgerät

Eine Kombination zwischen Geräteträger und Standard-Schlepper waren die Tragschlepper, die ab Anfang der 50er Jahre auch die kleinbäuerlichen Betriebe motorisieren sollten. Die schlanke Bauart mit dem weit nach vorn gesetzten Motor – auch Wespentaillenform genannt – erlaubte ähnlich wie beim Geräteträger den Anbau von Bodenbearbeitungsgeräten und Maschinen zwischen den Achsen. Damit auch eine große Bodenfreiheit erreicht werden konnte, verfügten die Tragschlepper über eine Portalhinterachse und eine gekröpfte Vorderachse. Ein weiterer Vorteil dieser Bauweise war neben der guten Sicht auf die Geräte auch die Einmannbedienung von Schlepper und Gerät.

Nach dem Vorbild des Stihl-Allzweck-Schleppers brachte erstmals Allgaier 1952 einen Tragschlepper auf den Markt, den Typ A 111, System Porsche. Dieser sehr leichte Kleinschlepper in Blockbauweise besaß einen luftgekühlten 12-PS-Dieselmotor, der über der Vorderachse angebracht war. Anbaumöglichkeiten zwischen den Achsen und hinter der Hinterachse, Spurverstellung, Zapfwelle, Riemenscheibe, Mähwerk, 8-Gang-Getriebe und hydraulischer Kraftheber waren technische Komponenten zum vielseitigen Einsatz dieses Schleppers. Mit ihm waren alle im kleinbäuerlichen Betrieb anfallenden Transport- und Feldarbeiten möglich. 1952 kostete dieser Schlepper knapp 4000,– DM und lag somit nicht höher als der Anschaffungspreis von drei Pferden.

Dem Beispiel von Allgaier folgten ein Jahre später Hanomag und Deutz. Hanomag entwickelte einen Tragschlepper in Rahmenbauweise mit 12-PS-Zweitakt-Dieselmotor, den R 12 Combitrac, der auch mit hydraulischem Frontlader geliefert werden konnte und somit eine weitere Anbaumöglichkeit am Schlepper bot. Deutz brachte mit dem luftgekühlten 11-PS-Bauernschlepper einen weiteren Tragschlepper mit Wespentaille auf den Markt, zu dem eine umfangreiche Gerätereihe angeboten wurde. Später hatten auch andere Firmen, wie z.B. Bautz, Güldner, Porsche, Sulzer, Wahl und Wesseler, mindestens einen Tragschlepper in ihrem Programm.

Doch schon Mitte der 60er Jahre war die Tragschlepperära in der deutschen Landwirtschaft zu Ende. Die immer stärker werdenden Standard-Schlepper und die Dreipunkthydraulik mit der leichteren und schnelleren Anbaumöglichkeit der Bodenbearbeitungsgeräte verdrängten die Schlepper mit der Wespentaille vom Markt.

Oben: Deutz baute mit dem Typ F_1L 612 einen Kleinschlepper mit Wespentaille. (43)

Linke Seite: Ein vielseitig verwendbarer Kleinschlepper war der 12 PS starke Hanomag R 12. Er bot Anbaumöglichkeiten zwischen den Achsen und an der Dreipunkt-Hydraulik und konnte auch mit Frontlader geliefert werden. (9)

Der Zweitakt-Dieselmotor im Kleinschlepper

Auf der 42. DLG-Ausstellung 1953 in Köln zeigte die Hanomag mit ihrem Typ R 12 erstmals einen 12 PS starken Tragschlepper. Bedingt durch die schmale und leichte Bauart dieses Schleppers wurde ein ab 1950 von der Hanomag entwickelter, wassergekühlter 1-Zylinder-Zweitakt-Dieselmotor eingebaut, der durch seine einfache Bauweise mehrere Vorteile bot. So benötigt der Zweitakt-Motor im Gegensatz zum Viertakter nur die halbe Anzahl der Takte für den Ladungswechsel; auch der Ventiltrieb entfällt, was Gewichts- und Raumersparnis bedeutet. Um die bei einem Zweitakt-Motor wichtige Zylinderspülung und einen optimalen Füllungsgrad zu erreichen, wurde die Umkehrspülung in Kombination mit dem Roots-Gebläse gewählt. Dieser 1-Zylinder-Zweitakt-Motor, Typ D 611, mit einem Hubraum von 510 ccm leistete bei 2200 U/min 12 PS. Neben dem 1-Zylinder- wurde auch ein 2-Zylinder-Motor, Typ 621, produziert, der ebenfalls in Hanomag-Schlepper (z. B. R 24, C 218, C 224) eingebaut wurde.
Doch diesen Hanomag-Zweitakt-Dieselmotoren gelang nicht der erhoffte Durchbruch auf dem Markt. Besonders der vom Ventilator erzeugte Pfeifton mit der hohen Frequenz wurde als sehr nachteilig empfunden und gab diesen Schleppern bald den Spottnamen »Düsenjäger« und »Ackermoped«. Auch das aus dem Auspuff mitgeführte, unverbrannte Schmieröl – besonders im oberen Drehzahlbereich – fand nicht überall die ungeteilte Zustimmung der Landwirte. Nach guten Anfangserfolgen ergab die Summe der Anlaufschwächen einen allmählichen Absatzrückgang. Auch neue, überarbeitete Maschinen, bei denen diese Mängel abgestellt waren, konnten diesen Trend nicht umkehren. Um die Jahreswende 1961/62 gab dann die Hanomag den Bau von Schleppern mit Zweitakt-Motoren auf und kehrte wieder zum Viertaktprinzip zurück.
Neben den schon erwähnten Schleppern mit Zweitakt-Dieselmotoren der Firmen Hatz, Lanz, Stihl und Zanker entwickelte auch Holder um 1950 einen Zweitakt-Dieselmotor. Der wassergekühlte Holder-Motor mit 500 ccm Hubvolumen leistete bei 2000 U/min 9 PS. Ab 1953 wurde dieser Motor dann bei der Firma Fichtel & Sachs produziert. Normag in Hattingen und die Metallwerke in Creussen bauten ebenfalls Zweitakt-Dieselmotoren für ihre Schlepper. Normag verwendete zur Verbesserung der Spülung eine Spülkolbenpumpe, die Metallwerke Creussen das Roots-Gebläse.
Im Jahre 1964 hat Dr. Ing. Seifert vom Institut für Schlepperfor-

schung der FAL in Braunschweig-Völkenrode zur Frage der Zweitakt-Motoren in Ackerschleppern folgende Stellungnahme abgegeben:

»Es ist bekannt, daß beim Zweitakter Möglichkeiten zu größerer Hubraumleistung und zu größerer Einfachheit als bei Viertaktern vorhanden sind. Diese Merkmale treten aber selten gemeinsam auf. Bei großer Einfachheit ist die Hubraumleistung den Viertaktern meist nicht überlegen, und wenn die Hubraumleistung durch besondere Maßnahmen erhöht wird, ist der Zweitakter nicht mehr einfach.«

Links: Hanomag R 12 »Combitrac« mit 1-Zylinder-Zweitakt-Dieselmotor und Wespentaille. (9)

Unten: Holder entwickelte und baute ab 1950 einen eigenen Zweitakt-Kleindieselmotor für seine Einachsschlepper. Die Fichtel & Sachs AG übernahm später diesen Motor in Lizenz. (11)

Zweitakt-Dieselmotoren in Schleppern

Fabrikat und Typ	Zyl.-Zahl	Motorleistung (PS)	Hubraum (ccm)	Drehzahl (U/min)	Literleistung (PS/l)
Lanz-Glühkopf	1	35–55	10338	540–750	3,4–5,3
Lanz-Halbdiesel D 5016	1	50	7350	630	6,8
Lanz-Triumph TWN	1	12	534	3000	22,5
Hatz A 2	2	22	2040	1300	10,8
Stihl 131	1	12	763	1850	15,7
Zanker Z 1	1	12	1020	1500	11,8
Holder D 10	1	9	500	2300	18,0
Creussen D 168	1	15	680	1800	22,1
Normag L 114/12 A	1	12	1280	1500	9,4
Fichtel & Sachs D 600	1	12	604	2000	19,9
Hanomag 611	1	12	510	2200	23,5
Hanomag 721	2	65	3715	1600	17,5

Das Ende der Ära Lanz

1921 erschien die Heinrich Lanz AG erstmals mit einem Rohölschlepper, dem Bulldog, auf dem Markt und hatte damit fast vier Jahrzehnte die Entwicklung des deutschen Schlepperbaues sehr stark mitgeprägt. Der Bulldog mit seinem großvolumigen, liegenden 1-Zylinder-Zweitakt-Glühkopfmotor war bald der Inbegriff des Schleppers überhaupt. Auch gab es im In- und Ausland manchen Nachbau, so z. B. in Deutschland von Wolf und von Michelsohn, in Italien von Bubba und Landini, in Frankreich von Le Percheron, in Polen von Ursus. Fast 150 000 Bulldogs mit Glühkopfmotoren wurden von Lanz produziert und zum Teil in alle Länder der Welt exportiert. 1952 stellte Lanz drei Bulldog-Typen mit neuentwickelten Motoren von 17, 22 und 28 PS Leistung vor. Auch bei diesen Motoren wurde an der Einzylindrigkeit festgehalten. Statt des wassergekühlten Glühkopfes wurde ein ungekühlter Zylinderkopf mit Direkteinspritzung verwendet. Änderungen, wie Umkehrspülung, Leichtmetallkolben, verkleinerter Hubraum und Änderung des Einspritzpunktes sowie erhöhte Drehzahl, konnten den spezifischen Brennstoffverbrauch auf unter 200 g/PSh herabsetzen. Weitere Vorteile dieser neuen Bulldog-Typen waren größere Laufruhe im Stand, schmale Bauart, einzeln gefederte Vorderräder und elektrische Anlasser. Diese sogenannten Halbdiesel-Bulldogs wurden mit Benzin und elektrischer Zündung gestartet und liefen dann mit Dieselkraftstoff weiter. Die Fortentwicklung dieser Motoren führte zu den Volldiesel-Typen, die wie ein Dieselmotor mit Glühkerze und Anlasser in Gang gesetzt wurden. Diese Volldiesel-Typen mit dem Zweitakt-Bulldog-Dieselmotor von 16 bis 40 PS wurden von 1955 bis 1960 produziert. 1956 wurde der 200 000. Bulldog in Mannheim gefeiert. Im gleichen Jahr erwarb der zweitgrößte amerikanische Landmaschinenhersteller, die John-Deere-Company, Moline/USA, die Aktienmehrheit der Heinrich Lanz AG. Obgleich die Lanz-Dieselmotoren im Kraftstoffverbrauch sehr sparsam waren, konnten sie sich später nicht mehr durchsetzen. Die Einzylindrigkeit, an der Lanz so lange festgehalten hatte, war überholt. Die Landwirte stellten höhere Ansprüche an den Fahrkomfort, den die einzylindrige Maschine mit ihrem schlechten Massenausgleich nicht bieten konnte. 1960, ein Jahr nach dem hundertjährigen Jubiläum der Heinrich Lanz AG, wurde der Mannheimer Firmenname in »John Deere-Lanz AG« geändert. Im gleichen Jahr wurde aufgrund ständig sinkender Zulassungszahlen auf dem deutschen Markt die Herstellung von Lanz-Bulldogs eingeschränkt und die Fertigung von neuen Schleppertypen mit 4-Zylinder-Viertakt-Dieselmotoren nach amerikanischem Muster aufgenommen.

Lanz Halbdiesel- und Volldiesel-Bulldog-Typen (Auswahl)

Typ	PS	Motor-Herst.	Boh. x Hub (mm)	Hubraum (ccm)	Drehzahl (U/min)	Gänge	Gewicht (kg)
D 1106	11	Lanz-Triumph	85 x 94	533	2600	6 + 2	770
D 1266	12	MWM KD 12 E	95 x 120	850	2000	6 + 1	1020
D 1306	13	Lanz-Triumph	85 x 94	533	2800	6 + 1	900
D 1606	16	Lanz	130 x 170	2260	850	6 + 1	1050
D 1616	16	Lanz	130 x 170	2260	850	9 + 2	1310
D 1666	16	MWM KD 211 Z	85 x 110	1250	2000	6 + 1	1140
D 1706	17	Lanz	130 x 170	2260	950	6 + 2	1310
D 2016	20	Lanz	130 x 170	2260	950	9 + 2	1400
D 2206	22	Lanz	130 x 170	2260	1050	6 + 2	1380
D 2416	24	Lanz	140 x 170	2616	1050	9 + 2	1490
D 2806	28	Lanz	150 x 210	3710	850	6 + 2	2220
D 2816	28	Lanz	140 x 170	2616	1100	9 + 2	1585
D 3206	32	Lanz	150 x 210	3710	900	6 + 2	2370
D 3606	36	Lanz	150 x 210	3710	1050	6 + 2	2390
D 4016	40	Lanz	160 x 210	4222	1000	6 + 2	2650
D 5016	50	Lanz	190 x 260	7350	630	9 + 3	3520
D 6016	60	Lanz	190 x 260	7350	860	9 + 3	3920

Der 17-PS-Lanz-Halbdiesel, Typ 1706, mit Anhängepflug. (5)

Mit 60 PS war der Typ D 6016 der stärkste Lanz-Bulldog. (5)

Einen luftgekühlten, 13 PS starken Dieselmotor besaß der Lanz-Kleinschlepper, Typ D 1306. (5)

LANZ

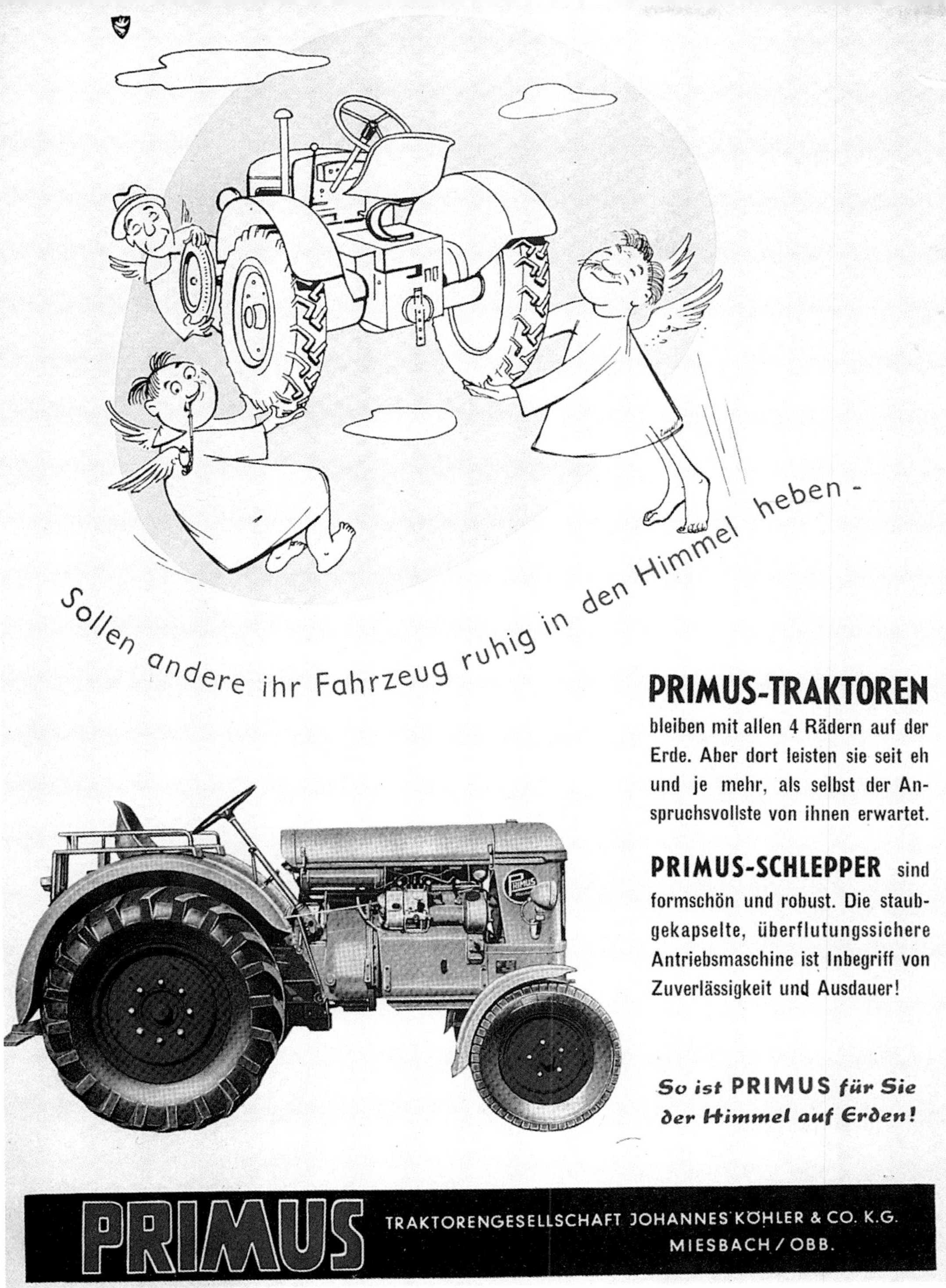

Linke Seite: Der John Deere 700, ein Schlepper der neuen Generation aus Mannheim. (5)

Oben: Schlepperwerbung 1957 (3)

Das Ende des Schlepper-Booms

In den Jahren von 1949 bis 1956 wurden in der Bundesrepublik über 500 000 neue Ackerschlepper umgesetzt. 1955 erreichte die Zulassung von 105 000 fabrikneuen Schleppern ihren höchsten Stand, der auch in den nachfolgenden Jahren nicht mehr erreicht wurde. Schon ein Jahr später war mit 94 000 Neuzulassungen ein deutlicher Absatzrückgang zu verzeichnen. Der kriegsbedingte Nachholbedarf an Schleppern war gedeckt. Mit den eingeschränkten Absatzmöglichkeiten begann ein immer stärker werdender Konkurrenzkampf auf dem inländischen Schleppermarkt. Große Firmen konnten durch konsequente Normung viele baugleiche Teile in Großserienfertigung preiswert herstellen. So waren z. B. bei den luftgekühlten Allgaier-Schleppern der Typen A 111 bis A 144 bis zu 78 Prozent der Teile untereinander austauschbar. Auch Deutz und Hanomag fertigten ihre Schlepper nach dem Baukastensystem. Doch die lukrativere Großserienfertigung setzte auch größere Investitionen voraus, deren Amortisation nicht immer absehbar war. So stand die Firma Allgaier Mitte der 50er Jahre vor der Wahl, entweder den Schlepperbau zu erweitern oder aufzugeben. Nach Abwägung der Marktchancen entschloß sich die Firma, die bis dahin rund 50 000 Schlepper gefertigt hatte, die Schlepperproduktion einzustellen, um sich wieder dem Werkzeugbau zuzuwenden. Nach Verhandlungen mit den Firmen Porsche und Mannesmann kam es zur Übernahme der luftgekühlten Allgaier-Schlepper in die neugegründete Porsche-Diesel-Motorenbau GmbH, Friedrichshafen, die diese Schlepper ab 1956 unter dem Namen Porsche-Diesel produzierte. In diesem Jahr drängten neben IHC auch wieder andere ausländische Anbieter auf den deutschen Markt. Ferguson und Ford verkauften 1956 zusammen rund 2000 Schlepper, eine durchaus beachtliche Zahl, denn 1957 wurden über 200 (!) verschiedene Schlepper angeboten. Allein Deutz hatte 23 Radschleppertypen von 11 bis 60 PS im Programm. Der Landwirt hatte die Qual der Wahl zwischen Standard- und Allradschlepper, Geräteträger und Tragschlepper, Rad- und Kettenschlepper, Luft-und Wasserkühlung, Zweitakt- und Viertakt-Motoren. Während viele Hersteller infolge des harten Wettbewerbs ihre Schlepperproduktion einstellen mußten, so z. B. 1956 Nordtrak, 1957 Röhr, 1958 Normag, 1959 Primus, 1961 Ritscher, 1962 Fahr, 1963 Bautz, rechneten sich andere Firmen auf dem deutschen Schleppermarkt Chancen aus. So stieg der bekannte Motorenhersteller Hatz in Ruhstorf Mitte der 50er Jahre gleich mit mehreren Typen von 10 bis 32 PS Leistung in die Schlepperproduktion ein. Hermann Lanz in Aulendorf entwickelte für seine

Der Hatz-Schlepper im Einsatz – hier der Typ T 124 mit luftgekühltem 2-Zylinder-Motor. (10)

Schlepper eine Baureihe von 1- bis 3-Zylinder-Viertakt-Dieselmotoren, die nach dem Wirbelkammerverfahren arbeiteten. Innerhalb kürzester Zeit gelang es der Porsche-Diesel-Motorenbau GmbH infolge ihrer modernsten Fertigungs- und Vertriebsmethoden, in die Spitzenposition des deutschen Schlepperbaues aufzusteigen. Porsche baute 1958 rund 17000 Schlepper, von denen fast 11 000 im Inland abgesetzt wurden. Damit lag Porsche nach Deutz an zweiter Stelle der deutschen Zulassungsstatistik.

Verschiedene Firmen versuchten, mit Verträgen über Zusammenarbeit zu einer internen Typenbeschränkung und zu größeren Produktionsserien zu kommen, so z. B. Fahr und Güldner, die von 1959 bis 1961 im Rahmen ihrer »Europa-Reihe« die Fertigung von kleinen und großen Schleppern untereinander aufteilten. Auch Bautz und Hanomag arbeiteten für kurze Zeit zusammen. Deutz übernahm 1959 die allradgetriebenen BTC-Schlepper und den Geräteträger »Multitrac« von Ritscher in sein Programm und konnte somit eine fast lückenlose Typenreihe anbieten. 1962 übernahm die Porsche-Diesel-Motorenbau GmbH die Schlepperproduktion von MAN. Porsche und MAN setzten in diesem Jahr fast 10000 Schlepper auf dem deutschen Markt ab und lagen damit an zweiter oder dritter Stelle in der Zulassungsstatistik. Doch schon ein Jahr später entschloß sich die Konzernspitze von Mannesmann, die Produktion von Porsche-Schleppern einzustellen, um in sichere und lukrativere Erwerbszweige zu investieren. Im Sommer 1963 wurde die Schlepperproduktion bei Porsche eingestellt und die Ersatzteilversorgung von der neugegründeten »Porsche-Diesel-Renault-Vertriebs GmbH« übernommen, deren Kapital zu 50 Prozent dem französischen Staatskonzern Renault gehörte. Mit diesem Kauf versuchte Renault, in den stark umkämpften deutschen Markt einzusteigen. Heute liegt der Marktanteil von Renault-Schleppern in der Bundesrepublik bei rund zwei Prozent.

Der SUPER L vereint Kraft und Temperament mit klarer, zweckmäßiger Form

Anzeige 1960 (3)

HANOMAG
robust 900
H
AL 900

Vom Ackerschlepper zur Baumaschine

Mehrere der alteingesessenen Schlepperproduzenten stellten in den nachfolgenden Jahren ihr Fabrikationsprogramm auf Bau- und Industriemaschinen um, da dieser Markt größere Rentabilität gegenüber dem Schleppermarkt versprach. Die zum Linde-Konzern gehörende Firma Güldner zählt heute zu den führenden Herstellern von Gabelstaplern. Auch Kramer, Lanz (Aulendorf) und Zettelmeyer sind heute erfolgreiche Produzenten von Radladern und Baumaschinen. Das zum Deutz-Konzern gehörende Unternehmen Fahr blieb nach Einstellung der Schlepperproduktion der Landmaschinenindustrie treu und wurde auf diesem Sektor zu einem der erfolgreichsten Hersteller Europas.
Eine recht wechselvolle Geschichte durchlief in den letzten drei Jahrzehnten auch die Hanomag, die 1952 Konzerntochter der Rheinstahl-Union wurde. 1959 wurde das Produktionsprogramm von Schleppern, Planierraupen und Schnellastwagen auch um vierradgetriebene Radlader erweitert und ständig ausgebaut. 1971 wurde die Schlepperproduktion eingestellt, deren letzte Baureihe aus den Typen »Granit«, »Brillant« und »Robust« bestand. Ungefähr eine Viertelmillion Schlepper verließ von 1913 bis 1971 die Werkshallen der Hanomag. 1974 erwarb der kanadische Konzern »Massey-Ferguson Ltd., Toronto« (MF) die Hanomag. Diese Verbindung dauerte aber nur sechs Jahre. 1980 stellte MF die Baumaschinenproduktion ein und verkaufte die hannoversche Firma an den drei Jahre später in Konkurs gehenden IBH-Konzern. Ab 1984 sind drei niedersächsische Privatunternehmen die neuen Eigentümer der Hanomag. Das Produktionsprogramm umfaßt heute Radlader, Planier- und Laderaupen sowie Müllkompaktoren.

Linke Seite: Aus der letzten Baureihe der Hanomag stammt der 92 PS starke Robust 900 A mit Allradantrieb. (9)

Der Weg in die Zukunft

Von den einst über fünfzig Firmen und Betrieben, die nach dem Zweiten Weltkrieg in Deutschland Schlepper produzierten, sind heute nur noch acht in dieser Branche tätig, und zwar Daimler-Benz, Deutz, Eicher, Fendt, Gutbrod, Hako, Holder und Schlüter. Sie haben zusammen im Inland einen Marktanteil von etwas über der Hälfte der neuzugelassenen Schlepper. Fast den gleichen Absatz erreichen ausländische Hersteller, die ab Ende der sechziger Jahre immer stärker auf den inländischen Markt drängen. Zu den bedeutendsten ausländischen Anbietern gehören IHC (USA), John Deere (USA), Massey-Ferguson (Kanada), Fiat (Italien), Same (Italien), Renault (Frankreich). Besonders der Anteil leistungsstärkerer Schlepper wuchs in den letzten beiden Jahrzehnten kontinuierlich. Typen mit 60 bis 80 PS haben heute den größten Anteil bei den Neuzulassungen. Der Einsatz stärkerer Schlepper in der Landwirtschaft ist auf die abnehmende Zahl der Beschäftigten und auf die Zusammenlegung von landwirtschaftlichen Nutzflächen zurückzuführen. Auf dem immer kleiner werdenden Schleppermarkt – die Neuzulassungen liegen heute bei ca. 30000 Schleppern pro Jahr – kämpft jeder Hersteller härter denn je um seinen Marktanteil.
Aus kleinsten Anfängen heraus entwickelte sich das Familienunternehmen Fendt in Marktoberdorf zu einem der führenden europäischen Hersteller von Schleppern. Das Ergebnis eines marktgerechten Typenprogrammes waren ständig wachsende Zulassungszahlen im Inland: 1957: 8,8%, 1968: 12,7%, 1978: 17,8%, 1982: 18,9%. Dadurch konnte das Allgäuer Unternehmen mit heute rund 3300 Arbeitsplätzen manche Krise auf dem Schleppermarkt überwinden. 1985 steht Fendt mit ca. 6500 neuzugelassenen Schleppern an erster Stelle auf dem Inlandsmarkt. Rund die Hälfte der Produktion geht in das Ausland. So hat Fendt in Frankreich einen Marktanteil von fast 5 Prozent. Das Fabrikationsprogramm umfaßt heute Schlepper von 38 bis 252 PS sowie drei verschiedene Geräteträger-Baureihen.
1950 wurde der Unimog, der bis dahin von der Firma Gebr. Boehringer in Göppingen gebaut wurde, von der Daimler-Benz AG übernommen und ständig weiterentwickelt. So wurde z. B. die Motorleistung von 25 PS auf 65 PS gesteigert. Ab 1963 wurde eine neue mittelschwere Baureihe des Unimogs mit anfänglich 65 PS Motorleistung angeboten. Bis 1974 wurden von beiden Baureihen rund 200000 Maschinen abgesetzt. 1976 folgte mit den Typen U 1000 und U 1300 eine schwere Baureihe mit 95 PS bis 125 PS. Noch heute wird der Unimog in diesen drei Baureihen von 52 PS bis 150 PS Motorleistung angeboten.
Auf dem technischen Konzept des Unimogs aufbauend, bietet Daimler–Benz noch eine weitere Schlepperreihe, den MB-trac, an. Rahmenbauweise, Allradantrieb, Differentialsperren für beide Achsen, vier gleich große Räder sind einige technische Komponenten dieser Fahrzeuge von 65 bis 150 PS Motorleistung.
Schwierige Zeiten gab es in den letzten eineinhalb Jahrzehnten für die Firma Eicher, die sich 1970 mit dem kanadischen Landmaschinenkonzern Massey-Ferguson (MF) zur finanziellen Kooperation und zum Produktionsverbund zusammenschloß, um mit einem starken Partner im Rücken die krisenreiche Zeit zu überwinden. Eicher lieferte an Ferguson verschiedene Schleppertypen, die im Ausland unter dem Firmenzeichen MF verkauft wurden. Als Gegenleistung bekam Eicher von Ferguson Schleppergetriebe und Perkins-Dieselmotoren, die vereinzelt in Eicher-Schlepper eingebaut wurden. Der zunehmende Einfluß von Ferguson bei Eicher führte bald darauf zum Einbau von Perkins-Motoren in fast alle Eicher-Schleppertypen. Die Zulassungszahlen im Inland sanken in den nachfolgenden Jahren um rund ein Drittel. 1982 übernahm die »Eicher Goodearth India« das Unternehmen von dem inzwischen weltweit in Schwierigkeiten geratenen MF-Konzern. Ab 1982 wurden wieder Eicher-Schlepper mit den eigenen luftgekühlten Dieselmotoren produziert. Zwei Jahre später geriet das Unternehmen in finanzielle Schwierigkeiten und mußte Mitte des Jahres 1984 die Produktion einstellen. Eine aus Eicher-Händlern bestehende Auffanggesellschaft gründete noch im gleichen Jahr die Eicher GmbH, die ab Januar 1985 die Produktion von Schleppern mit Motorleistungen von 48 bis 145 PS wieder aufnahm.
Die Schlepper der Motorenwerke Anton Schlüter (Freising bei München) haben Weltruf. Das Unternehmen ist bis heute in Familienbesitz. Besonders in der oberen Leistungsklasse bietet die bayerische Firma ein umfangreiches Schlepperprogramm an. 1958 spezialisierte sich Schlüter mit dem »Programm der starken Schlepper« auf vier Typen von 34 bis 80 PS Motorleistung. Ein paar Jahre später brachte Schlüter als erster europäischer Hersteller einen Schlepper mit 100 PS auf den Markt. Als Antrieb dienen großvolumige, wassergekühlte Dieselmotoren eigener Fertigung, die sich durch ein besonders großes Drehmoment bei niedriger Drehzahl auszeichnen. Schlüter befindet sich mit diesem eingeschlagenen Weg auch heute noch auf Erfolgskurs und entwickelte sich vom mittelständischen Unternehmen zum anerkannten Produzenten von Großtraktoren bis zu 500 PS Motorleistung.
Das Bauprogramm umfaßt heute Schlepper von 90 bis 320 PS. Als Besonderheit bietet Schlüter seine »Traktomobile« mit einer Fahrgeschwindigkeit bis zu 50 km/h an, was durch ein Getrie-

be mit 34 Gängen ermöglicht wird. Der stärkste Schlepper aus dem Hause Schlüter ist der Profi Trac 3500 TVL mit Allradantrieb und Allradlenkung. Als Antrieb dient ein 6-Zylinder-MAN-Dieselmotor mit Abgasturbolader und Lade-Luftkühler. Bei einem Hubraum von 11,5 Litern leistet dieser Motor 320 PS. Das Gewicht dieses Giganten mit einem 22-Gang-Getriebe beträgt 12250 kg.

Die Einachs- und Spezialschlepper der Firmen Agria, Gutbrod, Hako und Holder werden – wie schon früher im Gartenbau – jetzt auch von den Kommunen z. B. als Schneefräse, Rasen- und Grasmäher sowie als Kehrmaschine eingesetzt und haben damit ein neues Anwendungsgebiet gefunden. Als besonders erfolgreiche Konstruktion erwies sich der »Cultitrac«-Allrad-Knickschlepper von Holder, der 1951 anfänglich mit 12 PS Motorleistung den Weinbau motorisierte. Heute wird der ständig weiterentwickelte »Cultitrac« mit bis zu 59 PS Motorleistung und 12+4-Gang-Getriebe produziert. Wie Großschlepper anderer Firmen kann dieser Allradschlepper mit Frontlader, Dreipunkt-Hydraulik und beheizbarer Fahrerkabine geliefert werden. Eine Spezialausführung des »Cultitrac« für den Forsteinsatz ist mit Schutzverkleidung, Frontpoldereinrichtung und Doppeltrommelseilwinde versehen.

Deutz-Fahr gehört zu den bedeutendsten Herstellern von Ackerschleppern mit einem wesentlichen Anteil an den jährlich rund 250000 neu zugelassenen Schleppern in Westeuropa. Der Inlandsmarktanteil betrug 1985 17,6 Prozent. Somit lag Deutz-Fahr auf Platz zwei der Zulassungsstatistik. Das Bauprogramm für den Inlandsmarkt umfaßt heute Schlepper von 29 bis 220 PS Leistung, alle mit luftgekühlten Deutz-Dieselmotoren ausgerüstet. Neben den Standard-Schleppern stellt Deutz-Fahr seit Anfang der 70er Jahre auch den »Intrac« her, einen Allradschlepper mit vier nahezu gleich großen Rädern und drei Anbauräumen für Geräte. Eine Weiterentwicklung dieses Typs wurde 1985 auf der Agritechnica in Frankfurt vorgestellt. Ein Getriebe mit 50 Gängen, eine Höchstgeschwindigkeit von 40 km/h und ein Bordcomputer sind einige technische Merkmale dieses Schleppers der Zukunft.

Oben: Der 180-PS-Fendt-Favorit 615 LSA, ein Schlepper der heutigen Generation. (8)

Rechte Seite: Die Mercedes-Benz-Familie der Allradtraktoren von heute. (4)

MB trac 1000
MB trac 1300
UNIMOG

Der 88 PS starke Eicher-Schlepper, Typ 3088 Turbo mit angebauter Drillmaschine. (7)

Der Schlüter Profi Trac 3500 TVL, 320 PS bei der Arbeit mit einem Siebenschar-Pflug und schwerem Krumenpacker. (20)

Oben: Der Holder-Cultitrac beim Einsatz in der Forstwirtschaft. (11)

Rechte Seite: Ein moderner Deutz-Fahr-Schlepper mit 137 PS und Allradantrieb. (6)

DEUTZ · FAHR
DEUTZ-FAHR
KHD
DX 6.50

Das heutige Schlepper-Programm der John Deere Werke, Mannheim. (5)

Bild- und Literaturquellen

Die Zahlen unter den Abbildungen beziehen sich auf die Bild- und Literaturquellen.

Aus Archiven und Sammlungen

1. Allgaier, Uhingen
2. Anwander, L., Oberwil-Lieli (CH)
3. Bauer, A., Obershagen
4. Daimler-Benz, Gaggenau
5. Deere/Lanz, Mannheim
6. Deutz-Fahr, Gottmadingen
7. Eicher, Landau
8. Fendt, Marktoberdorf
9. Hanomag, Hannover
10. Hatz, Ruhstorf
11. Holder, Metzingen
12. Klöckner-Humboldt-Deutz, Köln
13. Lanz, Aulendorf
14. Linde/Güldner, Aschaffenburg
15. Linke-Hofmann-Busch, Salzgitter
16. Martin, Ottobeuren
17. Maschinenfabrik Augsburg-Nürnberg, Nürnberg
18. Motorenwerke Mannheim, Mannheim
19. Porsche, Stuttgart
20. Schlüter, Freising
21. Schnieber, H. u. W., Hannover
22. Zanker, Tübingen
23. Zettelmeyer, Konz

Aus Büchern und Zeitschriften

24. Barsch, O.: Verwendung von Kraftfahrzeugen bei der Mechanisierung der Forstwirtschaft. P. Parey-Verlag, Berlin 1925.
25. Becker, G.: Motorschlepper für Industrie und Landwirtschaft, Verlag M. Krayn, Berlin 1926.
26. Binder, R.: Der weite Weg. Hannover 1964.
27. Bornemann, F.: Die Motorkultur in Deutschland. P. Parey-Verlag, Berlin 1913.
28. Däbritz, W. u. Metzeltin, E.: Hundert Jahre Hanomag. Verlag Stahleisen, Düsseldorf 1935.
29. Deutsche Landwirtschaftliche Presse. P. Parey-Verlag, Berlin 1900–1930.
30. Die Technik in der Landwirtschaft. VDI-Verlag, Berlin 1924–1944.
31. Flücht, H.: Gas-Schlepper für die Land- und Forstwirtschaft, Verlag H. Flücht, Berlin 1943.
32. Flücht, H. u. Blum, H.: Schlepper und Anbaugeräte. Verlag H. Flücht, Berlin 1942.
33. Fordson Traktor Handbuch. Berlin 1927.
34. Franke, R.: Motorisierung der Feldarbeit, Schlepper. In: Franz, G. (Hrsg.): Die Geschichte der Landtechnik im 20. Jahrhundert, DLG-Verlag, Frankfurt 1969.
35. Führer der Kraft-Pflug-Industrie zur 30. Wanderausstellung der DLG 1924. Hamburg 1924.
36. Geschichte der John Deere Werke, Mannheim. Mannheim 1979.
37. Hanomag Nachrichten 1927. Hannover 1927.
38. Herrmann, K.: Ackergiganten. Westermann-Verlag, Braunschweig 1985.
39. Historischer Kraftverkehr (früher Elefant), Verlag K. Rabe, Schwieberdingen 1982–1986.
40. Hofer, M: Musterbetriebe deutscher Wirtschaft. Der Landmaschinenbau, H. Lanz AG, Mannheim. S. Hirzel-Verlag, Berlin 1929.
41. Jantsch, F.: Fahrzeuggeneratoren – Bau, Betrieb und Einsatz. Verlag Kasper, Berlin 1943.
42. Kraftpflug-Führer 1928. Berlin 1928.
43. Landtechnik 1946–1986. Verlag E. F. Beckmann, Lehrte.
44. Miterlebte Landtechnik, hrsg. von der MEG und dem KTBL. Darmstadt 1981.
45. Mitteilungen der DLG / Mitteilungen für die Landwirtschaft. DLG-Verlag (Reichsnährstands-Verlag), Berlin 1920–1944.
46. Neubauer, E.: Schlepper-Jahrbuch / Das gelbe Schlepperbuch 1950–1961. Verlag E. Neubauer, Wiesbaden 1950–1961.
47. Rasmussen, W. R.: Landwirtschaft. In: Spektrum der Wissenschaft 11/82. Verlag Spektrum der Wissenschaft, Heidelberg.
48. Schilling, E.: Landmaschinen, Band 1: Ackerschlepper. Verlag E. Schilling, Rodenkirchen 1955.
49. Technik für Bauern und Gärtner 1949–1953. Verlag M. Wesel, Baden-Baden.
50. Wendt, E.: Motorhacken, Fräsen, Einachsschlepper. Verlag P. Parey, Berlin 1959.